鱼和两栖动物

不列颠图解科学丛书

Encyclopædia Britannica, Inc.

中国农业出版社

图书在版编目（CIP）数据

鱼和两栖动物/美国不列颠百科全书公司编著；郑
星煌译. -- 北京：中国农业出版社，2012.9（2016.11重印）
（不列颠图解科学丛书）
ISBN 978-7-109-17016-2

Ⅰ.①鱼… Ⅱ.①美… ②郑… Ⅲ.①鱼类—普及读
物②两栖动物—普及读物 Ⅳ.①Q959.4-49②Q959.5-49

中国版本图书馆CIP数据核字(2012)第194749号

Britannica Illustrated Science Library

Fish and Amphibians

Photo Credits: Corbis, ESA, Getty Images, Graphic News, NASA, National Geographic, Science Photo Library

Illustrators: Guido Arroyo, Pablo Aschei, Gustavo J. Caironi, Hernán Cañellas, Leonardo César, José Luis Corsetti, Vanina Farías, Manrique Fernández Buente, Joana Garrido, Celina Hilbert, Jorge Ivanovich, Isidro López, Diego Martín, Jorge Martínez, Marco Menco, Marcelo Morán, Ala de Mosca, Diego Mourelos, Pablo Palastro, Eduardo Pérez, Javier Pérez, Ariel Piroyansky, Fernando Ramallo, Ariel Roldán, Marcel Socías, Néstor Taylor, Trebol Animation, Juan Venegas, Constanza Vicco, Coralia Vignau, Gustavo Yamin, 3DN, 3DOM studio

www.britannica.com

不列颠图解科学丛书

鱼和两栖动物

本书简体中文版由Sol 90和美国不列颠百科全书公司授权中国农业出版社于2012年翻译出版发行。
本书内容的任何部分，事先未经版权持有人书面许可，不得以任何方式复制或刊载。
著作权合同登记号：图字 01-2010-1423 号

编　　著：美国不列颠百科全书公司
项 目 组：张　志　刘彦博　杨　春
策划编辑：刘彦博
责任编辑：刘彦博　王巍令
翻　　译：郑星煌
译　　审：张鸿鹏
设计制作：北京亿晨图文工作室（内文）；惟尔思创工作室（封面）
出　　版：中国农业出版社
　　　　　（北京市朝阳区农展馆北路2号　邮政编码：100125　编辑室电话：010-59194987）
发　　行：中国农业出版社
印　　刷：北京华联印刷有限公司
开　　本：889mm×1194mm　1/16
印　　张：6.5
字　　数：200千字
版　　次：2012年12月第1版　2016年11月北京第2次印刷
定　　价：50.00元

版权所有 翻印必究　（凡本版图书出现印刷、装订错误，请向出版社发行部调换）

目 录

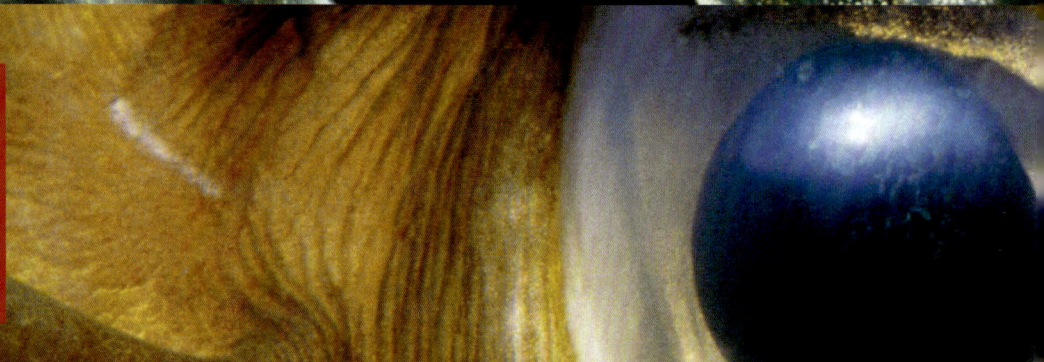

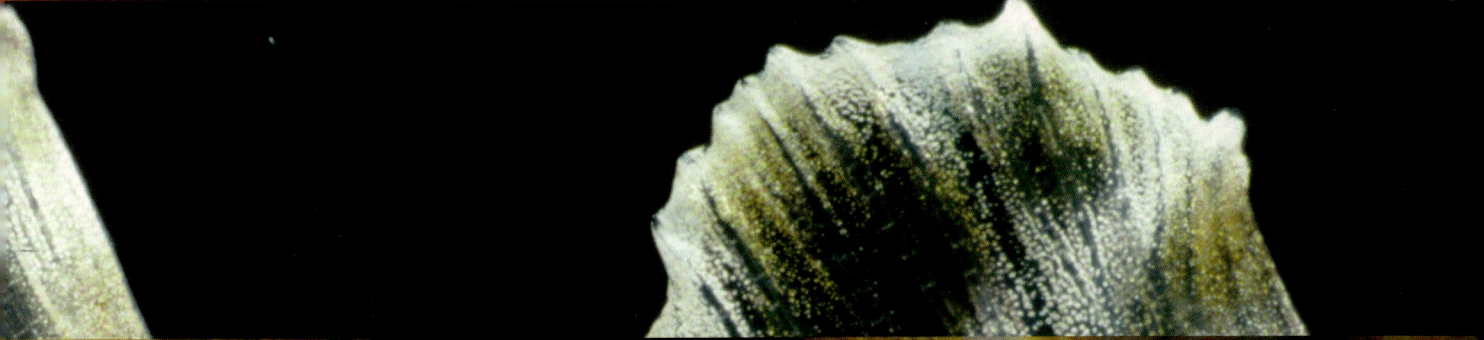

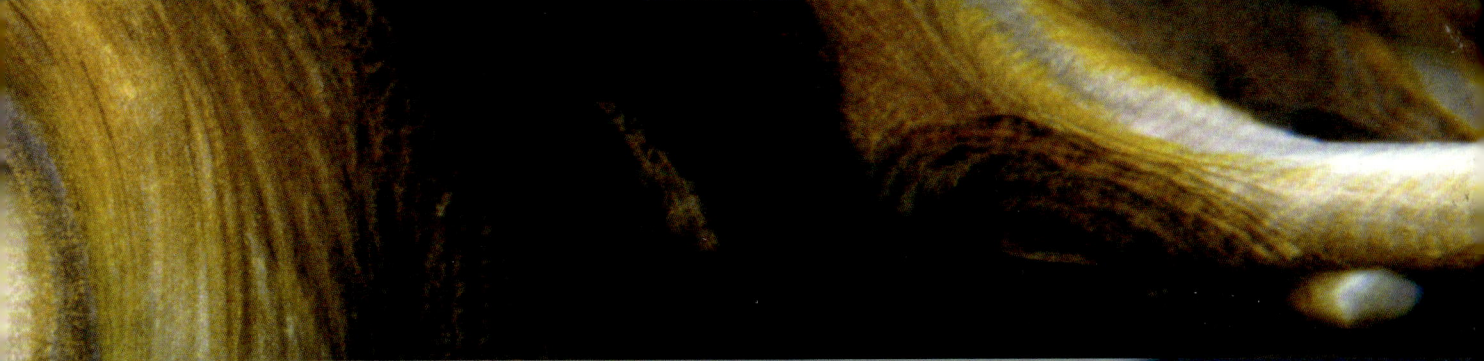

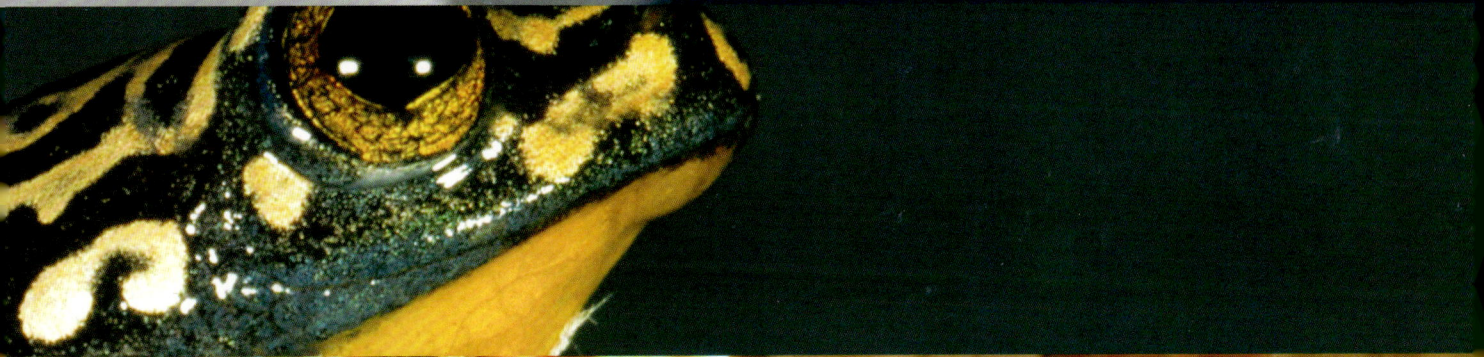

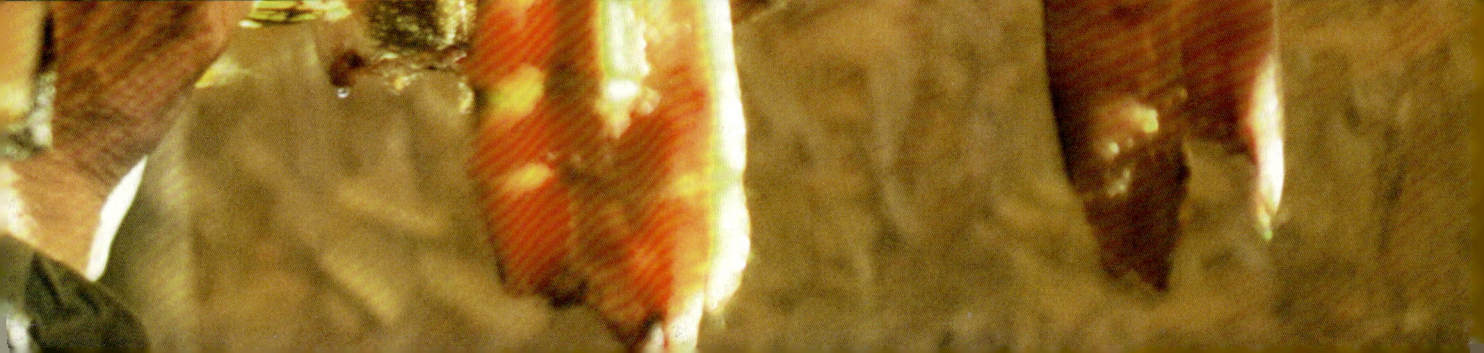

水——
生命的起源

海洋生物的生活精彩纷呈，而且始终与人类的生活密切相关。海岛上的居民则尤为如此，因为多年来他们一直以捕鱼为生。然而一段时间以来，世界上许多地方的捕鱼活动陷入危机，比如越南南部海岸的芽

庄海湾。在芽庄海湾，水产养殖业外来投资的增加限制了当地居民的经济来源，包括用鱼钩和钓鱼线捕捉乌贼和礁石中的其他物种。另外，商业捕捞对那些以传统捕鱼方法为生的人也造成了威胁。这只是本书探讨的众多话题中的一个，本书还详细介绍了鱼和两栖动物——这些脊椎动物的许多秘密，它们是地球上最早出现的带有骨骼的生物。或许深入了解它们的习性和生活方式能够促使我们开始关心和保护它们，毕竟水环境的变化对它们的影响比对人类的影响大得多。

几个世纪以来，人类一直惊叹于鲑鱼穿越大洋回归其出生地的本领。它们之所以能辨别方向，靠的是地球的磁场、嗅觉和本能，还是人类根本无法想象的其他东西呢？这里有一组统计数字：带有追踪器的奇努克鲑鱼在横跨阿拉斯加和加拿大的育空河时，仅用60天就游了近3 200千米。游到河里后，这种鲑鱼就停止进食，依靠其在海洋中积蓄的脂肪为生。许多雌鱼在产卵后就死去了。由于大多数海洋鱼类会选择营养丰富的浅海产卵，因此沿海水域和海湾河口地区对许多物种延续生命而言非常重要。这些动物的另一个奇特之处在于，它们能够在河流、湖泊、海湾、珊瑚礁和外海等各种水生生态环境中生存，它们已经具备了在多种环境中生存的技巧。

尽管肺状囊的出现是因为在含氧量较低的水中用鳃呼吸比较困难所致，但它也是海洋生物进军陆地的第一步。最早拥有带关节的肉质鳍的鱼叫作肉鳍鱼，它的一些后代开始从陆地上寻找食物来源，并慢慢适应了在地球表面的生活。这种从水介质向陆地介质的进化转移对那时的生命形态而言是一种真正意义上的革命。我们在本书中展示的现存两栖动物只不过是泥盆纪时期出现的所有两栖动物中的一小部分，它们中的绝大多数已在三叠纪时期灭绝了。

两栖动物（特别是一些蛙类物种）是真正的模仿艺术大师。最典型的例子之一是欧洲的树蛙，它们能够通过改变身体的颜色来调节体温。在温暖、干燥的傍晚，树蛙会栖息在有阳光照射的地方，这时它的表皮是苍白的。随着周围环境变得凉爽，它的表皮颜色就会变深来吸收热量。虽然两栖动物擅长通过伪装逃避被捕杀的命运，但如今却因为其数量的大幅下降而成为全世界关注的对象。在后面的各章节中你将会了解到生活在我们身边的这些奇特生物——鱼类和两栖动物的更多本领。●

鱼类是最早登陆地球表面的带有硬骨架的脊椎动物，它们无疑是脊椎动物中数量最多的物种。与现代鱼类不同，最早的鱼没有鳞、鳍和颌骨，但有背鳍。为了适应淡水和海水的不同环境，它们的形状和大小慢慢发生了变

牛尾鱼（伯氏孔鲉）的鱼鳍
这种鱼生活在拥有大量珊瑚礁的
水域里，可以生长至54厘米长。

化。它们多为流线型体形，身上覆盖着光滑的鳞片，也长出了鳍，因此能够在水中有方向性地、有力地稳定移动。这些复杂的生物通过鳃而不是肺来捕捉水中溶解的氧气进行呼吸，它们属于冷血动物。●

早期形态

最早的鱼类出现在大约4.7亿年前。和今天的鱼不同，早期的鱼类没有颌骨、鳍或鳞；鱼身前部覆盖有硬甲，形成保护层；背棘坚硬、灵活，能驱动鱼身前进。有颌骨的鱼是在志留纪时期出现的，被称为有颌鱼，是大型的食肉动物。●

盾鳍鱼

盾鳍鱼是无颌鱼，约16厘米长，生活在欧洲、亚洲和北美洲的海洋中。此鱼在泥盆纪早期数量众多。它的头部覆有盾甲，身体呈流线型。外壳上有1个圆锥形的鼻孔，可协助鱼游动。

—— 16厘米 ——

学名	盾鳍鱼
食物	微小生物
栖息地	海洋，然后是河流和湖泊
地理分布	欧洲、亚洲、北美洲
时期	泥盆纪早期

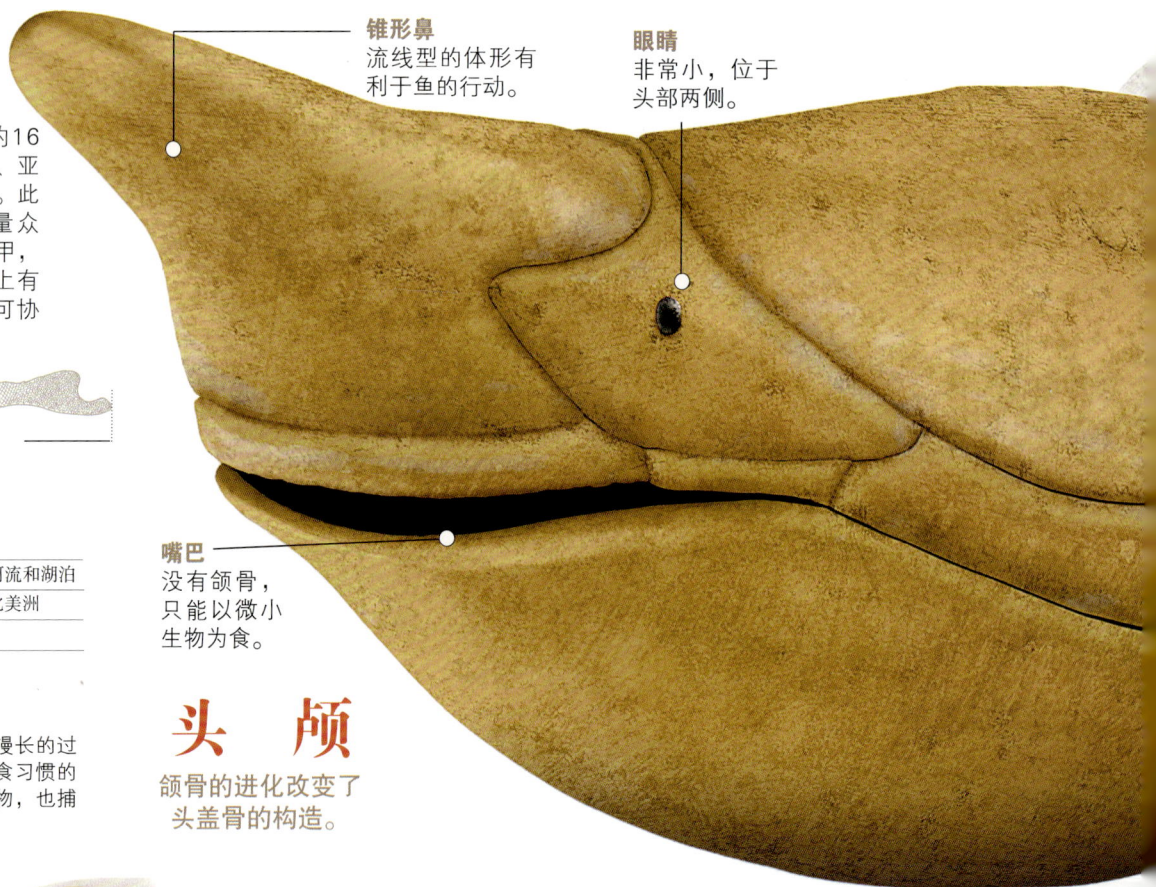

颌骨的进化

鱼类颌骨的进化是一个漫长的过程，其中涉及到鱼类捕食习惯的变化，不再只吃微小生物，也捕食其他鱼类。

1 原始脊椎动物
最早的鱼类没有颌骨。

2 板鳃形态
颌骨的形成改变了鱼的饮食习惯，使其从食草动物演变为食肉动物。

3 硬骨鱼
它们和现代鱼类一样已经有了专门的颌骨。

锥形鼻
流线型的体形有利于鱼的行动。

眼睛
非常小，位于头部两侧。

嘴巴
没有颌骨，只能以微小生物为食。

头颅

颌骨的进化改变了头盖骨的构造。

海洋七鳃鳗

盾皮鱼

现代鱼

化石

有肺的鱼出现在中生代时期（2亿年前）。和两栖动物一样，它们用肺呼吸，如今被视为活化石。这张化石照片中间的线是鱼的侧线。

肺鱼的鱼鳞化石
梵氏双鳍鱼

邓氏鱼

在晚泥盆纪时期，节甲鱼——头胸有关节相连——成为了主要的带甲鱼类。泥盆纪时的捕食者邓氏鱼是一种生活在3亿多年前的节甲鱼目盾皮鱼。它的头部包裹在3厘米厚的甲片中，嘴里有呈齿状的锐利骨片。

流线型体形
盾鳍鱼的外形说明它是一个游泳高手。

锋利的颌
邓氏鱼是一种凶猛的食肉动物，包括鲨鱼在内的任何猎物都会沦为它的盘中餐。

它的头部由坚硬的甲片保护。

背鳍

尾部没有鱼鳞。

身体的这个部位既没有甲片也没有鱼鳞。

它的尾部和鲨鱼一样呈叶状，表明它是一个游泳健将。

它还有坚硬的颌和骨状的牙齿。

背棘
帮助鱼在游动时保持平衡。

背刺
位于鱼的背部，与背鳍功能类似。

侧线
分布在身体两侧和盔甲上的感觉器官

鱼身长度为

5米。

尾巴
尾巴的形状有助于保持其盔甲的平衡。

进化

在泥盆纪时期，海洋鱼类呈现多样化的趋势，出现了腔棘鱼、最古老的硬骨鱼和最早的软骨鱼，包括鲨鱼。在这段时期，有颌鱼的三大种类也相继出现：盾皮鱼、软骨鱼和硬骨鱼。

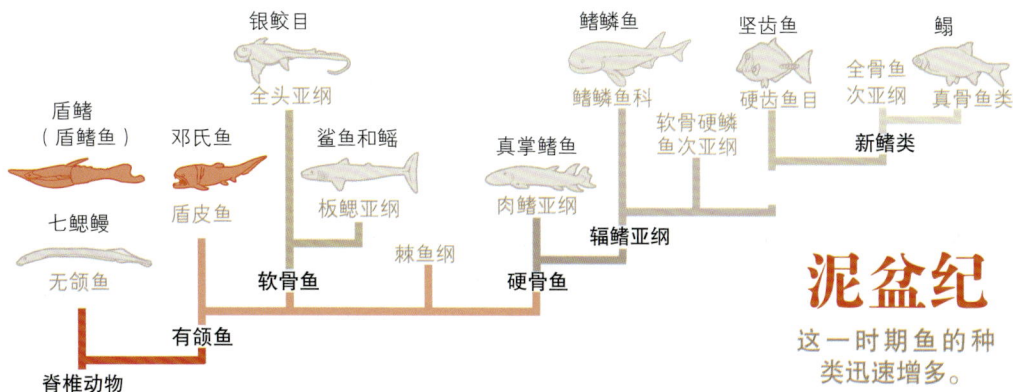

银鲛目

全头亚纲

盾鳍
（盾鳍鱼）

邓氏鱼

鲨鱼和鳐

鳍鳞鱼

鳍鳞鱼科

坚齿鱼

鳂

全骨鱼
次亚纲

真骨鱼类

软骨硬鳞
鱼次亚纲

硬齿鱼目

新鳍类

七鳃鳗

盾皮鱼

板鳃亚纲

真掌鳍鱼

肉鳍亚纲

辐鳍亚纲

无颌鱼

软骨鱼

棘鱼纲

硬骨鱼

有颌鱼

脊椎动物

泥盆纪

这一时期鱼的种类迅速增多。

显著特征

几乎所有的鱼都具有类似的特征，只有极少数例外。这些水生动物注定要生活在水中。它们有颌骨，眼上无眼睑，冷血，通过鳃呼吸，属于脊椎动物——也就是说，它们有脊柱。它们生活在从极地到赤道的大洋以及淡水和河流中。有些鱼类会洄游，但很少从海水洄游到淡水或是反向洄游。它们凭借鱼鳍在水中自由游动。海豚、海豹和鲸鱼等动物常常被误认为是鱼类，实际上它们是哺乳动物。●

鼻窝
也叫鼻孔，位于头部两侧。

眼睛
位于头部侧面，覆有脂肪膜。

头
身体的三大部位之一。

胸鳍
对称、较小、呈辐射状。

前背鳍
有坚硬的棘鳍条，起稳定作用。

嘴
嘴的角度影响着鱼的进食。

鳃盖
鳃上覆盖的骨状薄片，协助调节水流。

鳃
鱼的呼吸器官。

腹鳍
协助鱼上下游动

用鳃呼吸

鳃是鱼的呼吸器官，由通过鳃弓相连的鳃丝组成。鱼利用鳃吸收水中溶解的氧，经扩散过程将其输送到含氧量比水低的血液中，充氧后的血液再流到身体各处。对大多数硬骨鱼类而言，水通过鱼嘴流入，分成两股水流，之后由鳃裂流出。

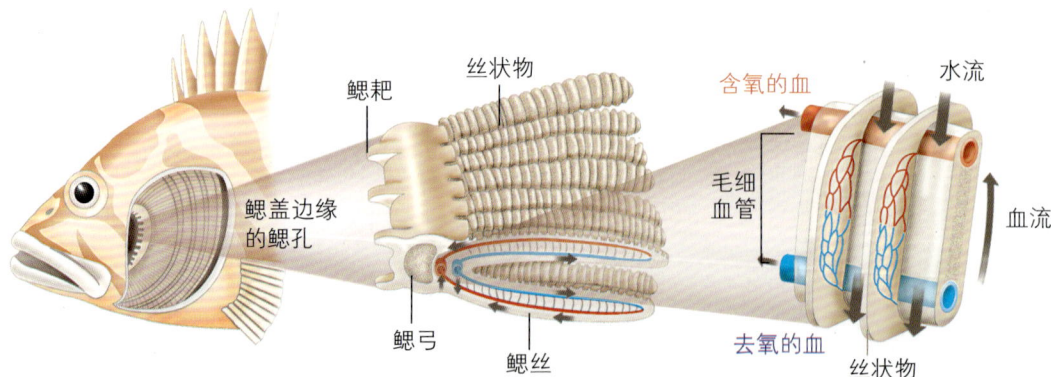

鳃耙

丝状物

含氧的血

水流

鳃盖边缘的鳃孔

毛细血管

血流

鳃弓

鳃丝

去氧的血

丝状物

古鱼类

内鼻孔亚纲（肉鳍亚纲）是一种具有肉质鳍的古代硬骨鱼。有些还是最早的有肺鱼。如今只有少数种类存活。

腔棘鱼

矛尾鱼
（ *Latimeria chalumnae* ）
这一物种据说几千万年前就已经灭绝了，但是1938年人们在南非沿海发现了一条矛尾鱼，之后有更多的矛尾鱼被人类发现。

无颌鱼

在被视为最古老的脊椎动物的古代无颌类脊椎动物中，只有七鳃鳗和盲鳗仍然留存于世。

海洋七鳃鳗

（ *Lampetra* sp. ）
其长满牙齿的圆嘴能吮吸各种鱼类的血。也有淡水七鳃鳗。

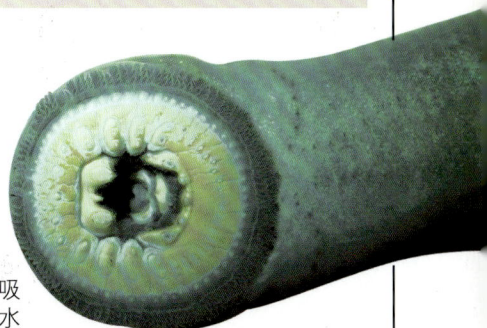

只有软骨组织

软骨鱼，比如鳐和鲨鱼，有着非常柔韧的骨骼，硬骨的数量很少或没有。

镜鳐

（ *Raja miraletus* ）
其巨大的鱼鳍将携带着浮游生物和小鱼的水流送进嘴里。这种鳐的速度极快。

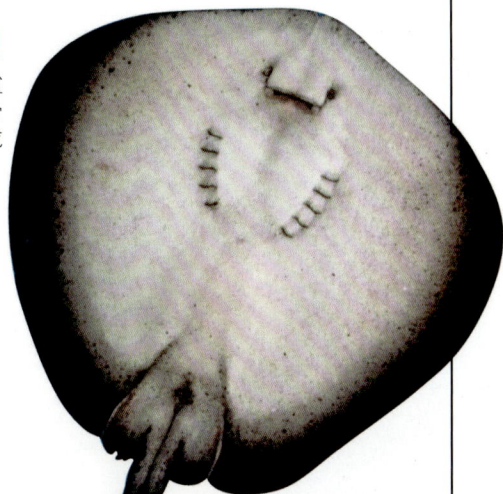

鳞
鳞片呈叠覆状，即层层叠盖。

后背鳍
结构柔软，位于前背鳍和尾巴之间。

侧线
鱼的感觉器官沿这条线分布。

有脊柱

硬骨鱼纲是数量最大的鱼纲，它们的骨骼有某种程度的钙化。

大西洋鲭

（ *Scomber scombrus* ）
这种鱼没有牙齿，生活在温带水域，肉质鲜美，可存活10年以上。

臀鳍
柔软，有一排小鳍

尾部肌肉
鱼身上最强壮的肌肉

尾鳍
左右摆动，推动鱼在水中前进。

游动时

水流入嘴经由鳃部吸收氧气再从鳃裂排出。

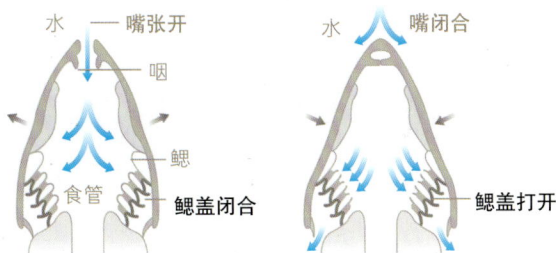

鳃盖

排水的开口。

水 —— 嘴张开
咽
鳃
食管
鳃盖闭合

水　嘴闭合
鳃
鳃盖打开

已知鱼的种类超过

30 000种

占脊索类动物的近一半。

硬骨鱼

在过去几百万年中进化和演变程度最大的鱼就是拥有脊柱和颌骨的硬骨鱼。一般来说，它们的骨架相对较小却坚硬，主要是由骨头构成。灵活的鳍帮助它们精准地控制运动方向。不同种类的硬骨鱼已经适应了各种不同的环境，甚至是极端的环境。●

坚固的身体结构

硬骨鱼的骨骼分为头颅、脊柱和鳍。其鳃上覆盖的鳃盖也是由骨头构成的。头颅不仅容纳鱼的大脑，而且支撑着颌骨和鳃弓。脊柱的椎骨块块相连，不仅支撑着鱼身，还将腹部的肋骨连接在一起。

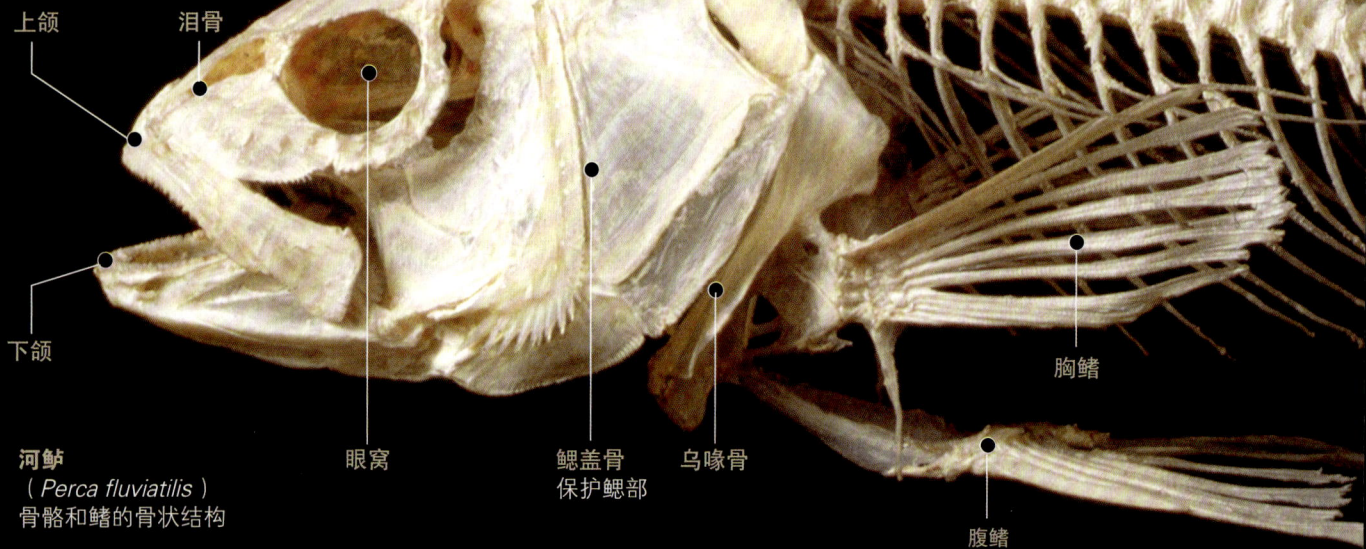

上颌

泪骨

下颌

河鲈
（*Perca fluviatilis*）
骨骼和鳍的骨状结构

眼窝

鳃盖骨
保护鳃部

乌喙骨

胸鳍

腹鳍

辐鳍亚纲

辐鳍亚纲鱼类的主要特征是它的硬骨架，鳍上还带有骨刺。它的头盖骨由软骨组成（部分钙化），只有1对鳃孔有鳃盖。

河鲈
（*Perca fluviatilis*）

鳞
鱼鳞层层叠叠，覆有黏液。

圆鳞

栉鳞

硬鳞

辐鳍亚纲有逾

480科。

翻车鱼

（*Mola mola*）
体型最大的硬骨鱼，最长可达3.3米，重1 900千克。

鱼鳔

肠的附器，通过充气和排气调节浮力。气体通过气腺进入，而气腺从细脉网的毛细血管网抽取气体，随后气体通过1个瓣膜再次溶解在血液中排出鱼鳔。

排气
当把鱼鳔中的气体排出时，鱼就下沉。

充气
鱼鳔内充气，减少密度后，鱼就上浮。

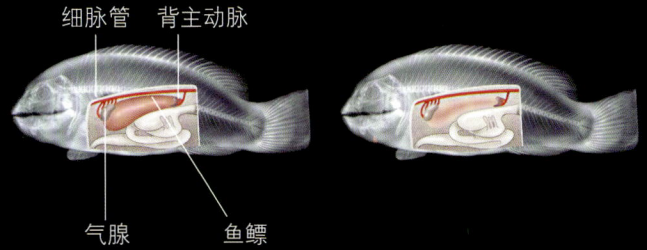

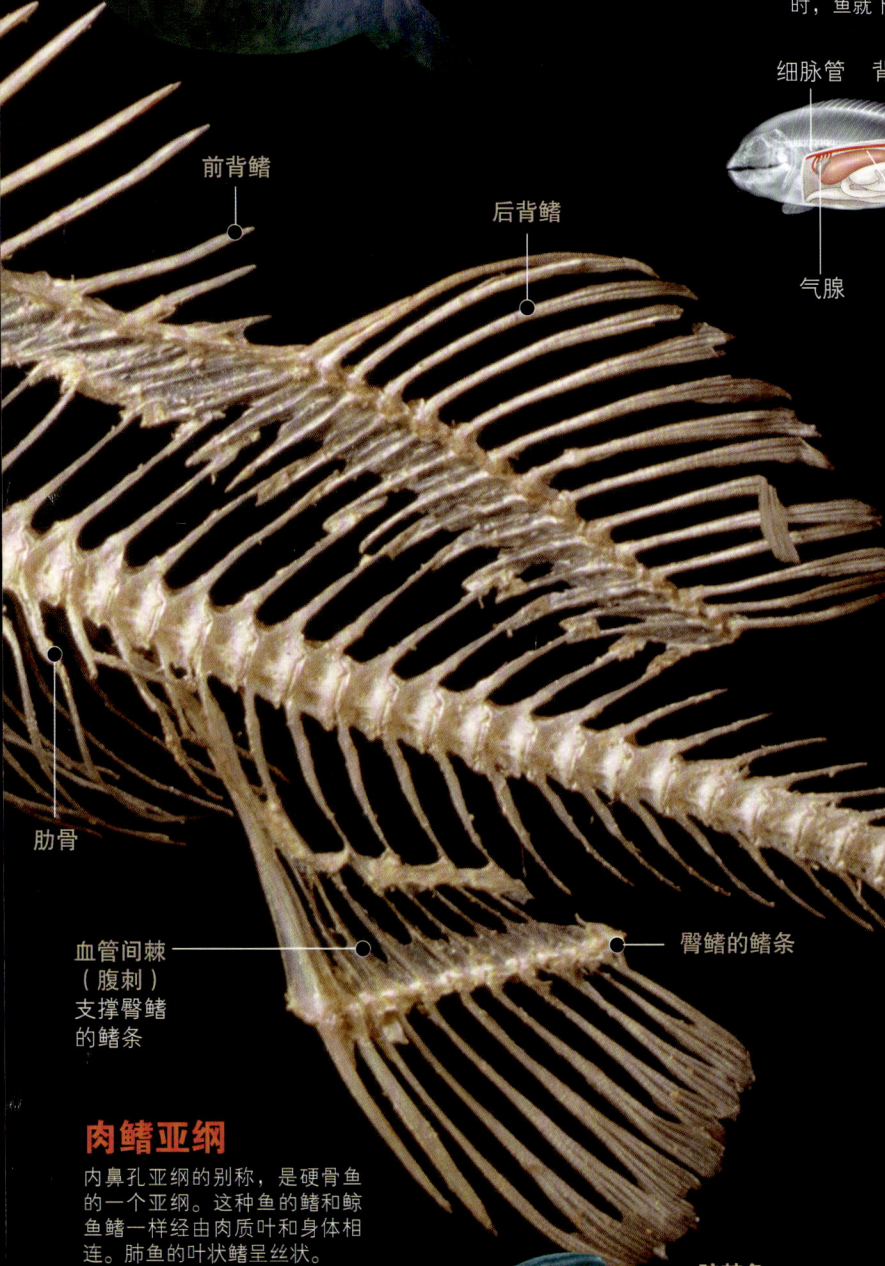

细脉管　背主动脉

气腺　鱼鳔

前背鳍

后背鳍

椎骨
神经棘
神经弧
椎体
血管弧
（脉弧）
脉棘

脊柱
主要的神经和血管均在脊柱的骨质中心上下通过。

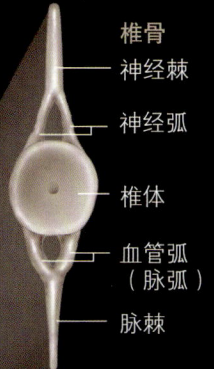

尾鳍椎骨

肋骨

血管间棘
（腹刺）
支撑臀鳍的鳍条

臀鳍的鳍条

尾鳍
驱动鱼在水中前进

肉鳍亚纲

内鼻孔亚纲的别称，是硬骨鱼的一个亚纲。这种鱼的鳍和鲸鱼鳍一样经由肉质叶和身体相连。肺鱼的叶状鳍呈丝状。

腔棘鱼
矛尾鱼
（*Latimeria chalumnae*）

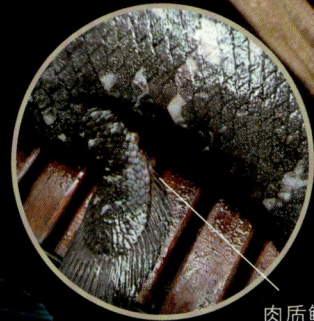

肉质鳍的细部

软骨鱼

从名称上可以看出，软骨鱼的骨骼是由软骨组成的，这是一种比硬骨稍柔软却灵活、坚韧的物质。软骨鱼有上下颌和坚硬锋利的牙齿，身披硬鳞，但是却缺乏大多数硬骨鱼共同的身体特征——鱼鳔，这种使鱼能够在水中悬浮的器官。它们的胸鳍、尾部和扁平状的头部共同构成流线型的鱼身。●

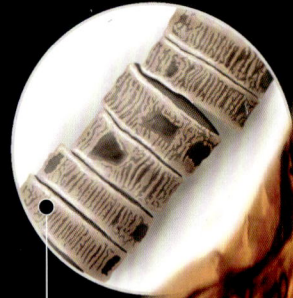

鲨鱼

鲨鱼主要生活在热带水域，也有一些居住在温带水域或淡水中。它的身体修长、呈圆柱形，有尖状吻部，嘴巴位于身体下侧，头部两侧各有5~7个鳃裂。

1.2吨

这是鲨鱼（鲨总目）的常规体重。

轻巧灵活
骨骼十分柔韧，但软骨的脊柱因含有矿物沉淀而不失坚固性。

脊柱

血液
它们是冷血动物。

鼻孔

坚利的牙齿
牙齿呈三角形。所有软骨鱼在牙齿脱落后都能长出新牙。

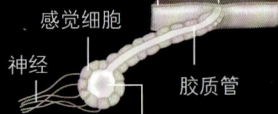

表面的孔
表皮
感觉细胞
神经
胶质管

罗伦氏壶腹
探测猎物传输的生物电信号。

产生热量的肌肉

敏锐的感官
软骨鱼有罗伦氏壶腹、非常灵敏的侧线和高度发达的嗅觉。

原始生物

软骨鱼的古代起源与其高度进化的感觉器官形成鲜明的对比。这是2.45亿~5.4亿年前的古生代时期鲨鱼的软骨椎骨化石，是在英格兰肯特郡的化石沉积层发现的。如今鲨鱼的血液中含有大量尿素，应该是适应海洋环境的结果。这是鲨鱼和它们的淡水祖先之间的重大区别。

蝠鲼和鳐鱼

这些鱼类凭借在身体前部相连的两只胸鳍游动，因此看似像在水中飞翔。身体的其他部位像鞭子一样摆动。眼睛长在身体上侧，嘴巴和鳃长在下侧。

鳐鱼
背棘鳐（团扇鳐）
这种鱼生活在深达200米的冰冷海水中。

鳐鱼可能有5或6排鳃；银鲛只有1排鳃。

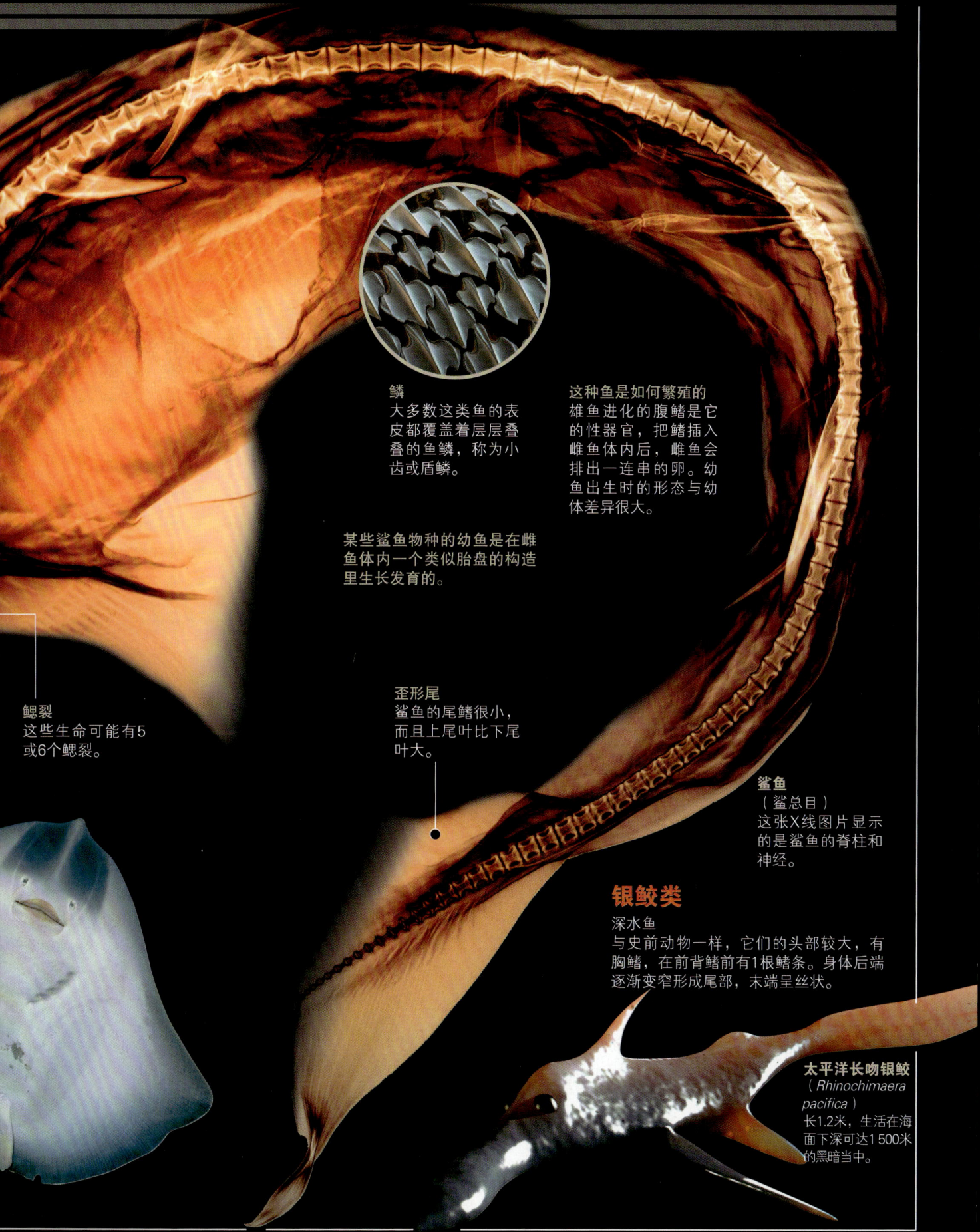

鳞
大多数这类鱼的表皮都覆盖着层层叠叠的鱼鳞，称为小齿或盾鳞。

某些鲨鱼物种的幼鱼是在雌鱼体内一个类似胎盘的构造里生长发育的。

这种鱼是如何繁殖的雄鱼进化的腹鳍是它的性器官，把鳍插入雌鱼体内后，雌鱼会排出一连串的卵。幼鱼出生时的形态与幼体差异很大。

鳃裂
这些生命可能有5或6个鳃裂。

歪形尾
鲨鱼的尾鳍很小，而且上尾叶比下尾叶大。

鲨鱼
（鲨总目）
这张X线图片显示的是鲨鱼的脊柱和神经。

银鲛类
深水鱼
与史前动物一样，它们的头部较大，有胸鳍，在前背鳍前有1根鳍条。身体后端逐渐变窄形成尾部，末端呈丝状。

太平洋长吻银鲛
（*Rhinochimaera pacifica*）
长1.2米，生活在海面下深可达1 500米的黑暗当中。

躯体结构

大多数鱼类拥有和两栖动物、爬行动物、鸟类及哺乳动物一样的内脏器官。它的骨骼支撑着整个身体，大脑依靠从眼睛和侧线接收的信息协调肌肉的动作，推动它在水中前进。鱼用鳃呼吸，它的消化系统能把食物转变为营养物质，而心脏通过血管网络对身体进行供血。●

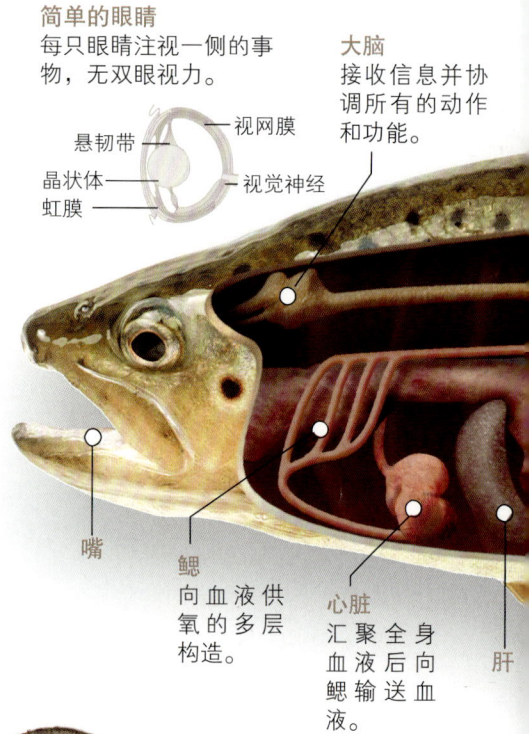

简单的眼睛
每只眼睛注视一侧的事物，无双眼视力。

悬韧带 —— 视网膜
晶状体 —— 视觉神经
虹膜

大脑
接收信息并协调所有的动作和功能。

嘴

鳃
向血液供氧的多层构造。

心脏
汇聚全身血液后向鳃输送血液。

肝

圆口纲

它们的消化道其实就是一根从无颌的圆嘴直通肛门的管道。由于构造简单，许多种类的七鳃鳗都是寄生动物，依靠其他鱼类的血液为生。它们没有鳃，只有咽囊。

45

这是目前圆口纲的种数。

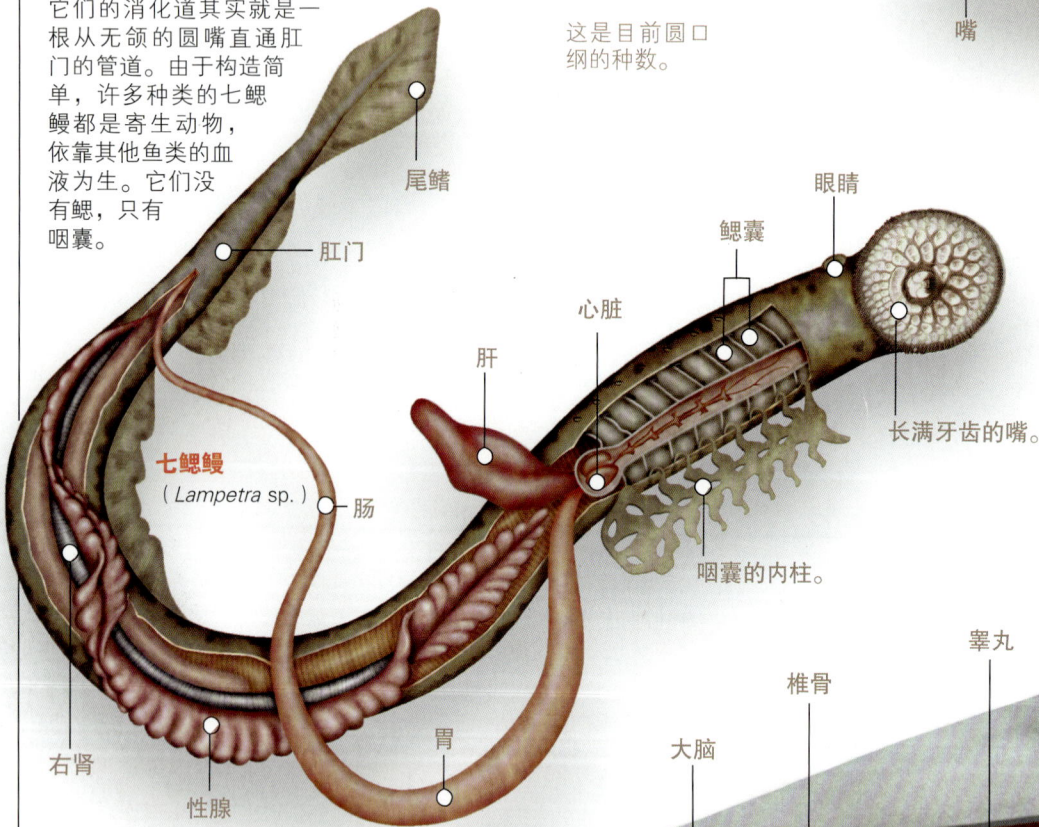

尾鳍

肛门

眼睛

鳃囊

心脏

肝

长满牙齿的嘴。

七鳃鳗
(*Lampetra* sp.)

肠

咽囊的内柱。

右肾

性腺

胃

第一背鳍

脊索

睾丸

椎骨

大脑

软骨鱼

除了鱼鳔外，鲨鱼有着与硬骨鱼相同的器官构造。鲨鱼肠子的末端也有一个螺旋状的构造，叫做螺旋瓣，能够增加表面积，以吸收更多的营养物质。

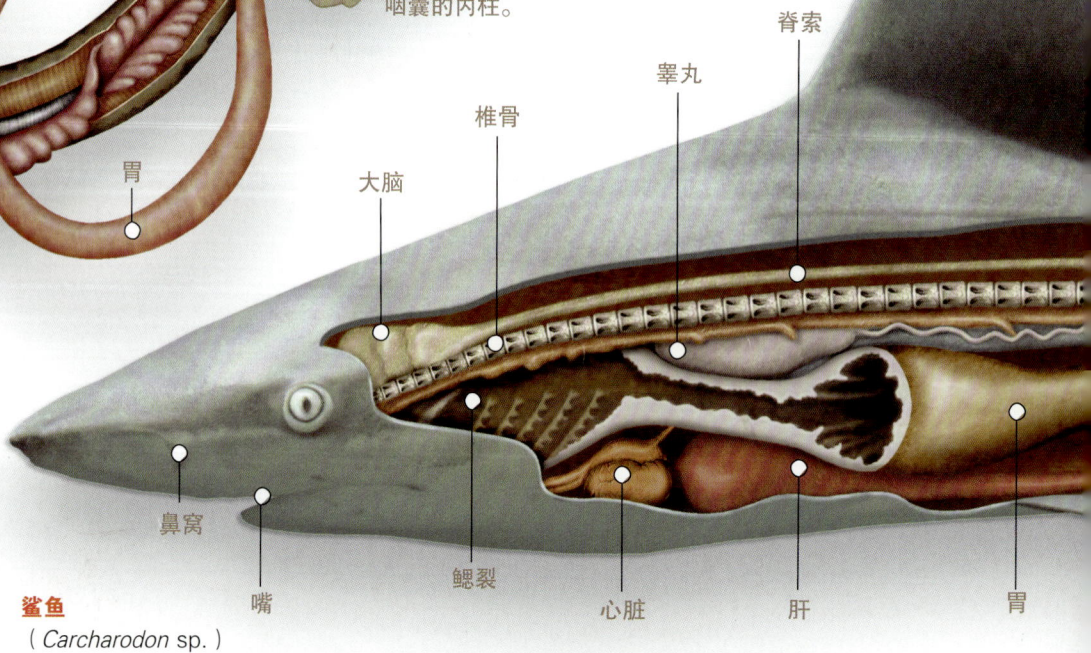

鲨鱼
(*Carcharodon* sp.)

鼻窝

嘴

鳃裂

心脏

肝

胃

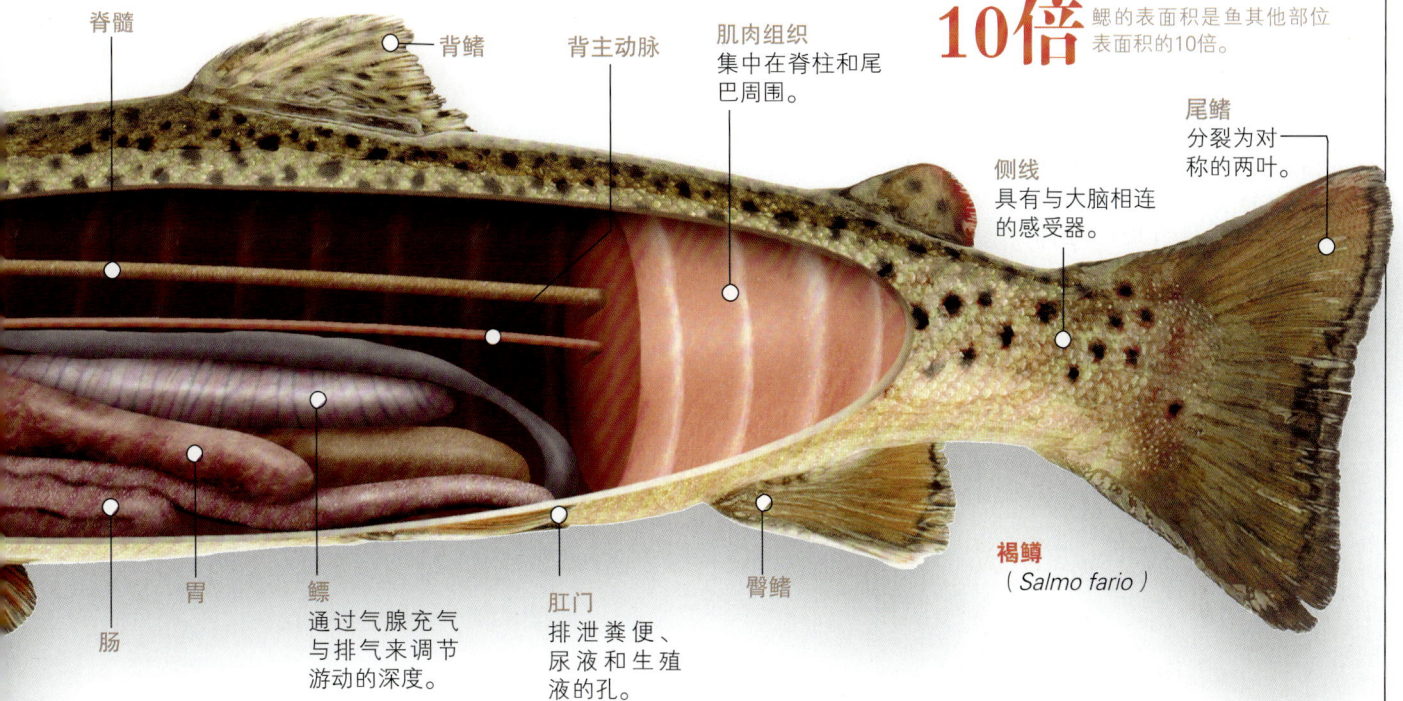

脊髓

背鳍

背主动脉

肌肉组织
集中在脊柱和尾
巴周围。

10倍 鳃的表面积是鱼其他部位表面积的10倍。

尾鳍
分裂为对
称的两叶。

侧线
具有与大脑相连
的感受器。

肠

胃

鳔
通过气腺充气
与排气来调节
游动的深度。

肛门
排泄粪便、
尿液和生殖
液的孔。

臀鳍

褐鳟
（*Salmo fario*）

硬骨鱼

硬骨鱼的器官通常集中
在身体下方的前部。其
余的内部结构主要由其
赖以游动的肌肉组成。
一些硬骨鱼，比如鲤
鱼，没有胃，只有一团
盘绕的肠。

调节盐分

淡水鱼体内的盐
分会向周边环境
流失，因此它们
只喝少量水，而
从食物中获取额
外的盐分。

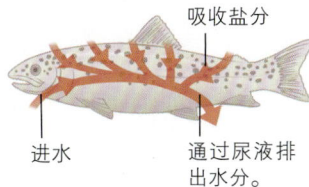

吸收盐分

进水

通过尿液排
出水分。

海水鱼

这类鱼需要不断吸
入盐水来补充身体
中的水分，但必须
去除海洋环境中多
余的盐分。

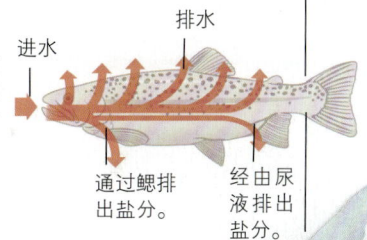

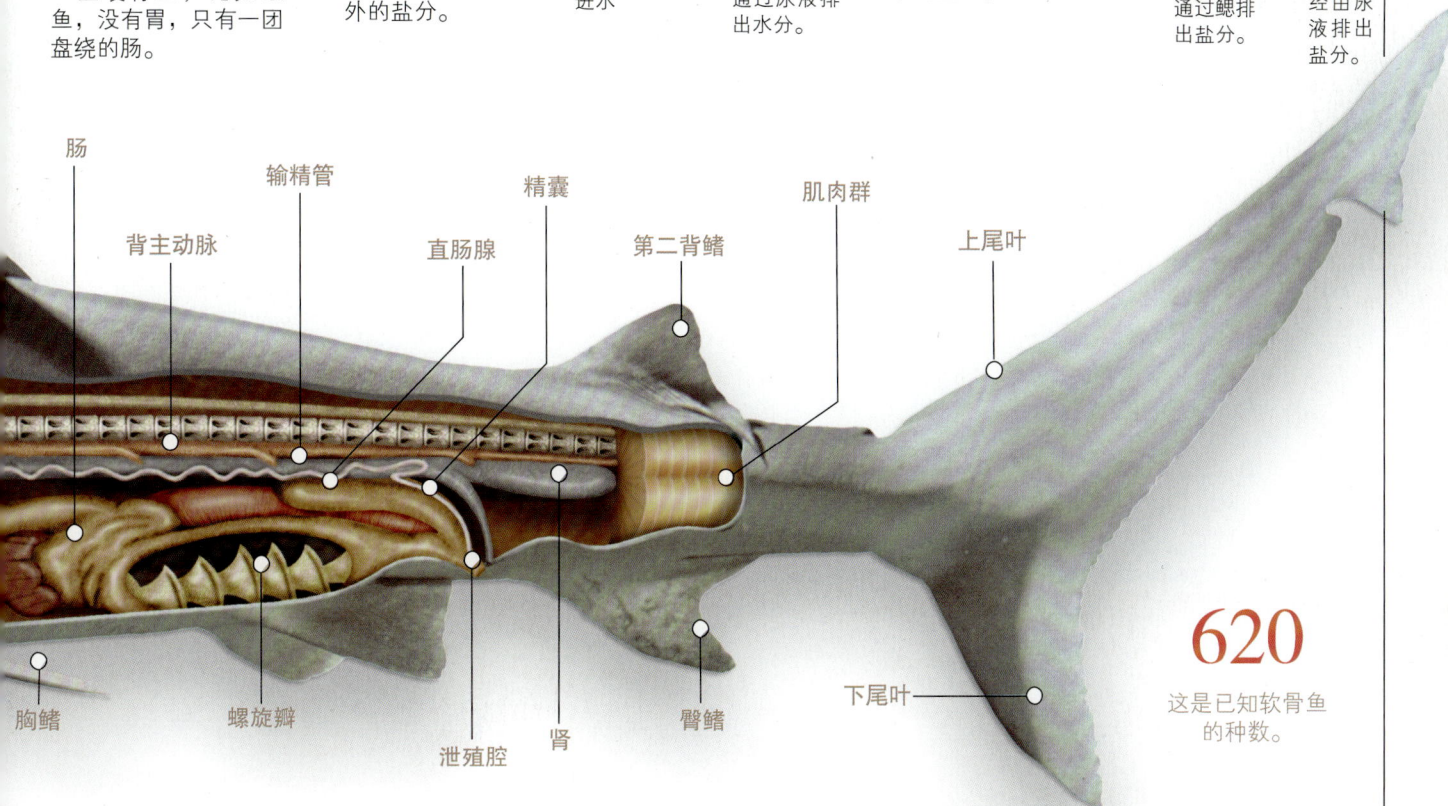

排水

进水

通过鳃排
出盐分。

经由尿
液排出
盐分。

肠

输精管

背主动脉

直肠腺

精囊

第二背鳍

肌肉群

上尾叶

胸鳍

螺旋瓣

泄殖腔

肾

臀鳍

下尾叶

620
这是已知软骨鱼
的种数。

水中的生命

河豚

一旦遭遇威胁，这种奇怪的动物就会拼命吞水，直到身体涨得像一个气球。

鱼的背部却是深色的（从褐绿色到深蓝色不等），肚腹则是银白色的。从上面看时，它背部的颜色与河水的深色调或湖水清澈的蓝色混在一起；从下面看时，其腹部的颜色看似是水中强烈的反光。●

保护层

大多数鱼的全身都布满一层由透明骨板组成的鳞片。同一种鱼的鳞片数量是相同的。根据所属科类的不同，鳞片会呈现不同的特征。鱼身侧线的鳞片有小孔，把鱼的体表与一系列感觉细胞和神经末梢连接在一起。通过研究鳞片还能确定鱼的年龄。●

鱼鳞化石
这些厚厚的、富有光泽的釉质鱼鳞属于生活在中生代的鳞齿鱼，现已灭绝。

外围焦点

内围半径

鱼鳞的再生
鱼鳞损伤后还能长出新的鳞片，但却与原来的鳞片不同。

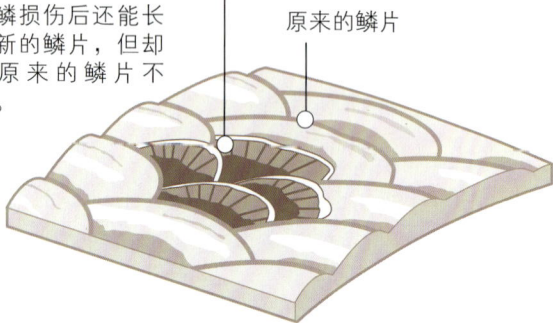

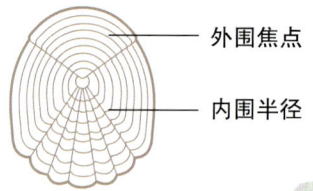

原来的鳞片

菱形盾甲

内部丝状物

棘突

底部

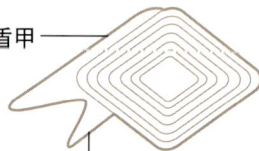

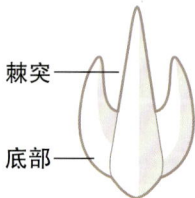

边缘
层层叠叠，质地光滑。

釉质齿状鳞片

基板
光滑的釉质表面。

大青鲨
（*Prionace glauca*）

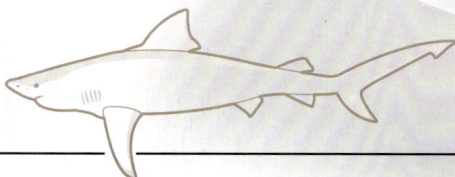

盾鳞
软骨鱼和其他古代物种的典型特征。与牙齿一样，此类鳞片由髓腔、齿质和釉质组成，有小的棘突。盾鳞通常非常小并向外伸出。

焦点

齿状辐条

表皮
有保护性黏液。

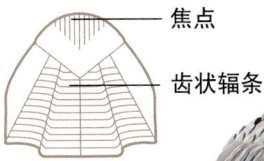

表皮
覆盖身体的
大部分。

齿状边缘
制造粗糙感

栉鳞
和圆鳞一样，栉鳞像屋瓦一样重叠
排列，也是硬骨鱼中比较常见的。
它比较粗糙，有梳状的小突起。

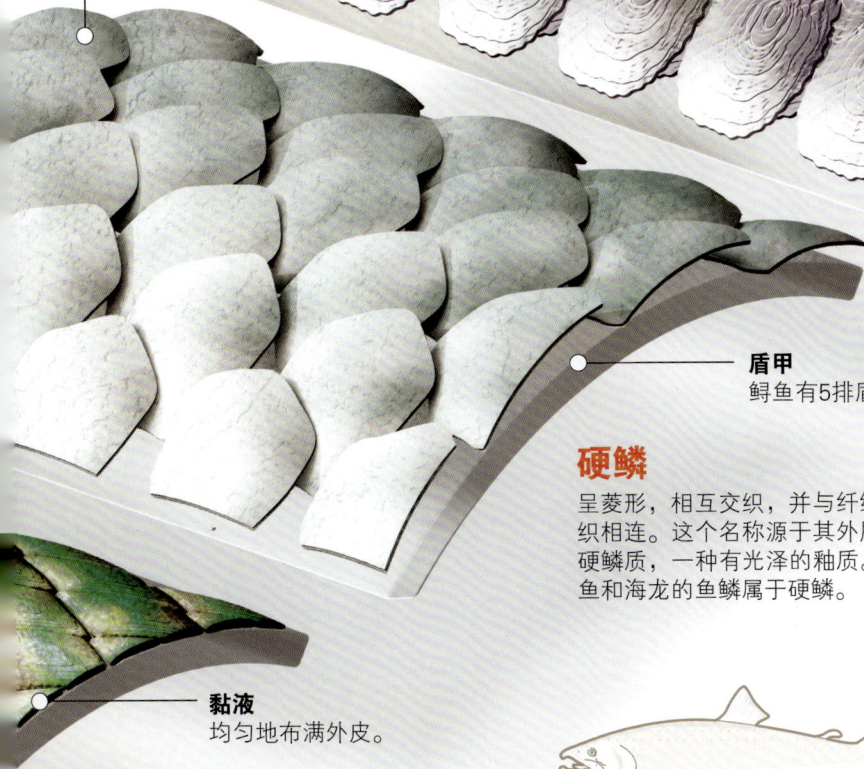

盾甲
鲟鱼有5排盾甲。

河鲈
(*Perca* sp.)

硬鳞
呈菱形，相互交织，并与纤维组
织相连。这个名称源于其外层的
硬鳞质，一种有光泽的釉质。鲟
鱼和海龙的鱼鳞属于硬鳞。

根据鳞片判断年龄
鱼在生长的过程中，鳞片的
数量不会增多，但鳞片大小
会变化，因此就形成了年
轮。年轮能反映鱼的年龄。

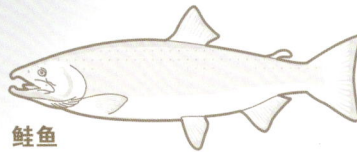

黏液
均匀地布满外皮。

鲑鱼
鲑科

**冬季的生
长环线。**

**夏季的生
长环线。**

暴露在外
的部位。

圆鳞
硬骨鱼中最常见的鳞片之一是圆
鳞，其前后鳞片相互层叠，形成一
种光滑、灵活的表层。圆鳞呈圆
形，表面柔软。鲤鱼和银汉鱼的鳞
片就是圆鳞。

鱼鳞的分布
大多数鱼鳞都呈对角线沿下后方排列。
鱼的种类可以根据鳞片的行数（沿着侧
线计算）及其他特征得到准确判断。

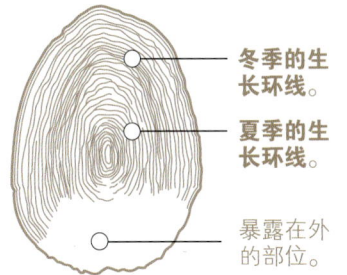

横断线

侧线

鲟鱼
(*Acipenser sturio*)

笛鲷
(*Lutjanus campechanus*)

肢 体

鱼 通过鳍和尾控制自身的行动、方向和稳定性。从解剖学的角度看，鳍和尾是皮肤的体外延伸部分，大多数硬骨鱼的鳍和尾还有鳍条支撑。鱼鳍透露了鱼的许多信息。鳍薄且尾部分叉的鱼游动速度非常快，或者擅长长距离游泳；而生活在接近海床的岩石和珊瑚礁里的鱼却有着宽宽的侧鳍和大大的尾巴。●

暹罗斗鱼
（*Betta splendens*）
在跳跃时其鳍会像扇子
一样展开。

鳍条
由膜相连的骨
质丝状物。

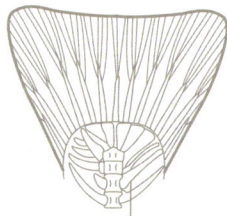

较高、较
长的尾叶
上翘。

黑尾真鲨
（*Carcharhinus
amblyrhynchos*）
歪形尾是此类软骨鱼及鲟
鱼的典型特征。

脊柱末端呈
向外展宽的
结构。

正形尾

尾鳍分为大小相等的上尾
叶和下尾叶，从脊柱末端
延伸出来。

鲑鱼正形尾的长度是体长的
1/8。

歪形尾

两个尾叶大小不一样。背
棘顺着较高的尾叶向上翘
起，而组成尾鳍两叶的鳍
条则从脊柱下方延伸出
来。

鲨鱼的脊柱一直延伸到尾鳍
的上尾叶。

下尾叶是上尾叶的 **1/3**。

典型的鱼尾

绝大多数硬骨鱼的鱼尾都是正形尾。

下尾叶较小，只是脊
柱一侧的突出部分。

完美的整体

鱼一般有7个鳍：3个奇鳍（背鳍、尾鳍和臀鳍）和2对偶鳍（腹鳍和胸鳍）。在鱼的行进过程中，每个鳍都有专门的功能。所有硬骨鱼的鳍都是由骨状鳍条而不是肌肉构成。金枪鱼和其他一些鱼类在背鳍和尾鳍之间还有1个鳍，薄薄的侧鳍表明它们的游动速度非常快。其他鱼类，比如丝帆鱼（Nematistius pectoralis）有着巨大的背鳍和腹鳍，但其主要功能不是用来辅助运动，是用来吓退潜在的捕食者的。

背鳍
起稳定作用。

金枪鱼的脂鳍的功能未知。

尾鳍起推进作用。

臀鳍与背鳍负责控制方向。

腹鳍的功能与水上飞机浸入水中的翼面相同。

胸鳍与头盖骨相连，用于游动。

金鱼
（Carassius auratus）
观赏鱼，其尾部有8种不同的形状。

半月型
有助于提高速度。

鲑鱼
鲑属
大大的背鳍和臀鳍，末端呈尖状。

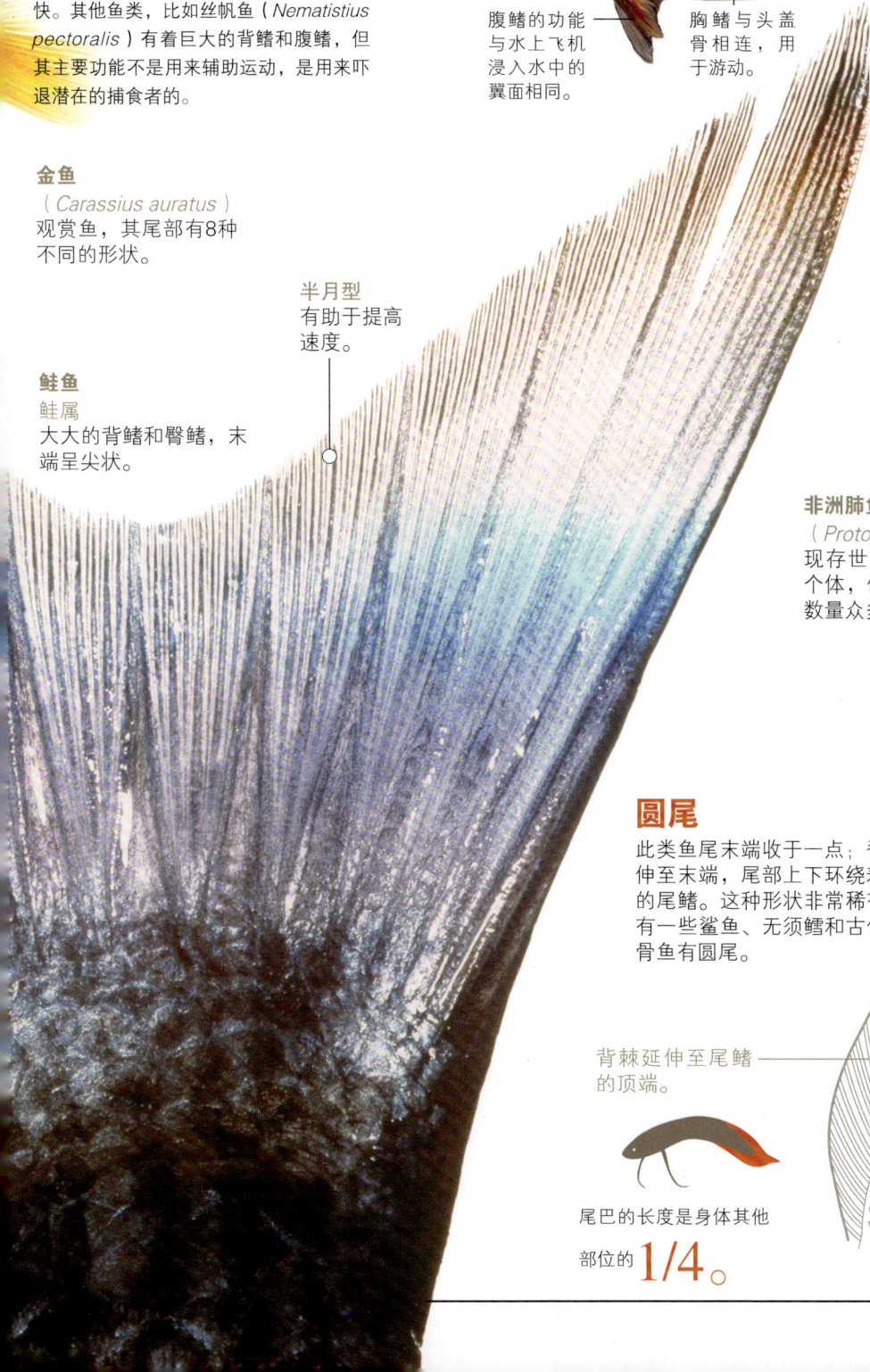

金鱼
（Carassius auratus）
颜色鲜艳夺目，深受水族馆的喜爱。

非洲肺鱼
（Protopterus annectens）
现存世的仅有4种和极少数个体，但它们在泥盆纪时期数量众多。

丝状物
短小，上下对称。

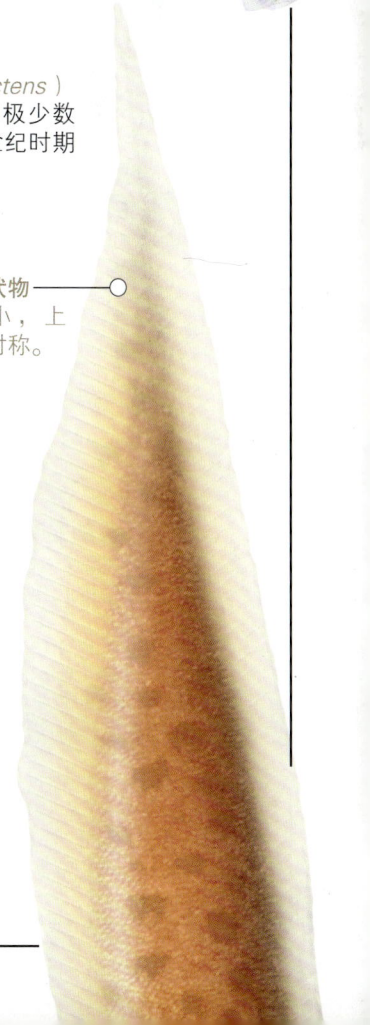

圆尾

此类鱼尾末端收于一点；脊柱延伸至末端，尾部上下环绕着柔软的尾鳍。这种形状非常稀有，只有一些鲨鱼、无须鳕和古代的硬骨鱼有圆尾。

背棘延伸至尾鳍的顶端。

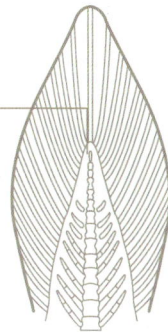

尾巴的长度是身体其他部位的 **1/4**。

游泳的艺术

黑腹歧须狗母鱼
（*Synodontis nigriventris*）
这种鱼游动时腹部朝上，因此能获取其他鱼类无法企及的食物。

鱼 游动时会向前后、左右、上下各个方向移动。它们控制方向的主要操纵面是鳍，包括尾部或尾鳍。改变方向时，鱼会将操纵面相对于水流倾斜一定的角度。它也必须在水中保持平衡，移动偶鳍和奇鳍可以实现这一点。●

肌肉
发达的尾部肌肉使鱼尾能像桨一样摇动。

大白鲨
（*Carcharodon carcharias*）

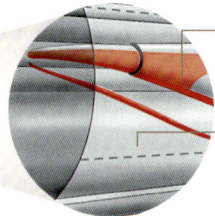

红肌用于缓慢或匀速移动。

较大的白肌用于高速前进，但很容易疲劳。

①

开始游动
鱼在水中游动时就像一条滑行的蛇，鱼身会以类似S状的波浪形向前移动。当鱼头微微摆动时，游动过程就开始了。

身体的波峰会从尾部一直传导到头部。

鱼尾摆动时能起到排水的作用。

开始游动时，鱼尾是和鱼头处在同一水平线上的。

流线型
和船的龙骨一样，鱼匀称的外形是有用处的。此外，鱼大部分的体积都集中在躯体的前半部。因其体形的关系，鱼在前进过程中，身体前方水的密度小于后方水的密度，从而减少了水的阻力。

鱼头不停左右摇动。

鱼的龙骨
船的下半部有1根沉重的龙骨，能防止船倾覆。相反，鱼的龙骨（脊棱）却在身体上部。如果偶鳍无法保持身体平衡，鱼身上最重的部位就会下沉，导致鱼腹向上。这就是鱼死后腹面朝上的原因。

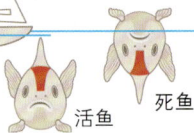

龙骨　　活鱼　　死鱼

最快的鱼

强壮的**尾鳍**排出大量的水。

旗鱼
平鳍旗鱼
（*Istiophorus platypterus*）

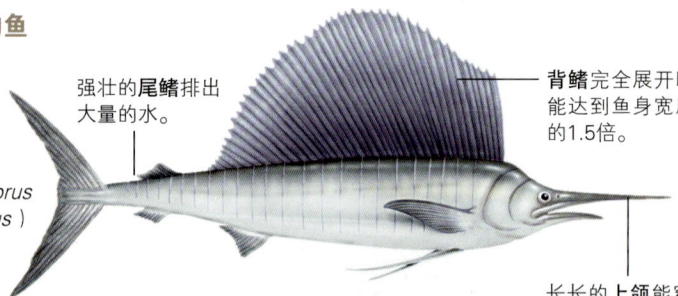

背鳍完全展开时能达到鱼身宽度的1.5倍。

长长的**上颌**能穿透水体，提升鱼的流体动力。

109千米/小时
这是旗鱼所能达到的最高速度。

前移

脊柱周围肌肉的同步S形运动推动鱼前行。这些肌肉通常会交替横向移动。胸鳍较大的鱼依靠胸鳍在水中推进，就像桨一样。

前进时的主要动力来自尾部的划桨式运动。

背鳍使鱼身保持直立。

胸鳍保持平衡，还可以作为刹车装置。

腹鳍稳定鱼身保持平衡。

平衡

当鱼缓慢游动或在水中保持静止时，鳍会轻微摆动保持身体的平衡。

向上和向下

鳍相对于身体的角度使鱼能上下移动。鱼依靠位于重心前端的偶鳍向上或向下游动。

上浮

偶鳍

下潜

② 有力地划动

脊柱两侧的肌肉，特别是尾部肌肉，交替收缩，产生推动鱼前进的波状运动。身体的波峰传导到腹鳍和背鳍。

当波峰到达两个背鳍中间时，鱼开始向右摆动尾鳍。

身体的波峰传导到第一背鳍处。

③ 完整的循环

当鱼尾摆回到另一侧的最右边时，鱼头再次摇向右侧，开始新一轮周期。

这条鲨鱼完成一个游泳周期只需要 **1秒**。

随之而来的冲击力驱动鱼向前移动。

猫鲨
（ *Scyliorhinus* sp. ）

鱼 群

通常是同种鱼聚集在一起协调一致地游动，各自发挥作用。

游在中间的鱼负责引领鱼群前进，外围的鱼负责保护鱼群的安全。

成群游动

只有硬骨鱼才能集体有序地移动。鱼群包含上千条鱼，它们移动时协调一致，像一条鱼一般。为了协调彼此的行动，它们要使用视觉、听觉和侧线感觉。成群游动的优势是很难被捕食，而且容易找到伙伴或食物。

中间的那条鱼控制着整个鱼群。

4立方千米

这是鲱鱼群能够覆盖的空间体积。

奇妙的颜色

鱼 利用颜色和同种类的其他鱼交流，吸引异性进行交配，甚至借助颜色躲避被捕杀的命运。花面神仙鱼的幼鱼有蓝色和白色的环状纹，但成年后花纹会发生变化，它们以此寻找配偶，界定自己的领土。目前，科学家们正在探寻鱼类是如何识别不同的颜色，以及这些颜色分别传达什么样的信息。●

花面神仙鱼
（*Pomacanthus imperator*）

这种鱼的大小和颜色各不相同，而且成年后颜色的深浅也会改变。幼鱼鱼身为蓝色底，上有白色圈纹，成年后就变成美丽的黄色横纹。

暹罗斗鱼
（*Betta splendens*）

这是最常见的淡水鱼类之一。只有雄鱼拥有艳丽多姿的颜色——红色、绿色、蓝色和紫色——这显然是它们引诱雌鱼的手段。

黑边公子小丑鱼
（*Amphiprion percula*）

这种小丑鱼以其红色、橙色和白色的鲜艳颜色闻名。它们生活在以捕食其他物种为生的海葵中，以此逃避可能的袭击。

公子小丑鱼
（*Amphiprion ocellaris*）

此鱼体色为橙色，身上有两条白带，生活在斯里兰卡至菲律宾和澳大利亚北部的珊瑚礁中。

驼背鲈
（*Cromileptes altivelis*）

这种鱼生活在东南亚，肉质非常鲜美。居住在洞穴中，以避免遭到攻击。

隆头鱼
（*Bodianus sp.*）

此鱼颜色亮丽，能吓退潜在的捕食者，对比强烈的色调起到警告的作用。

圆斑拟鳞鲀

（ Balistoides conspicillum ）

这种鱼身体的一半为黑色，上面有白色大斑点，另一半几乎全是黑色的，有一组奇怪的周边泛黄的深色斑纹。唇部是鲜艳的橘色，像小丑的嘴巴。

金鱼

（ Carassius auratus ）

这种适应性超强的鱼在水族馆中最为常见。高度发达的嗅觉对它寻找配偶和食物非常重要。

宅泥鱼

（ Dascyllus aruanus ）

这种鱼身体呈白色，上面有3道黑色的横纹。它们在岩石和珊瑚中游走，与环境完全融为一体。

七带猪齿鱼

（ Choerodon fasciatus ）

热带海域中颜色最为鲜艳的鱼类之一。由于深受水族迷的喜爱，如今濒临灭绝。

人字蝶鱼

（ Chaetodon auriga ）

两眼周围各有一条黑带，尾部有一个黑色的眼形斑点，会让袭击者误以为此鱼比它实际的体形大。

花斑连鳍䲗

（ Synchiropus splendidus ）

鱼身上布满绚丽的绿色、蓝色和黄色图案，是地球上最美丽的鱼之一。这种细小的生物藏身于珊瑚礁的岩石间。

多样的外形

大多数鱼类均为流线型体形，典型代表是鲑鱼或鳟鱼，但有些鱼却为了适应环境或饮食结构的变化而呈现出千姿百态的外形。尖鳍的吻部突出，便于吞食海床上的无脊椎动物。牛角箱鲀的身体僵直、细薄，因此游动时缓慢笨拙。铠甲弓背鱼体型扁平，呈刀状，能够在水中轻松游动。●

毛炮弹
（ *Chaetodermis penicilligerus* ）
这种鱼生活在印度洋及太平洋热带水域、澳大利亚和日本北部的珊瑚礁中，最长可达30厘米。

大口线塘鳢
（ *Nemateleotris magnifica* ）
这种鱼生活在印度洋和太平洋中，依靠在珊瑚礁中觅食为生。由于背鳍向上直立，因此也被称为飞镖鱼。此鱼体型小，只有一根手指那么大。

角箱鲀
（ *Lactoria cornuta* ）
这种鱼生活在太平洋和红海。虽然外形美丽，但其僵硬的骨骼使它游动起来非常笨拙。它的头上有两个角。

舒氏海龙
（ *Syngnathus schlege* ）

澳大利亚蟾鱼
（ *Brachionichthys politus* ）
这种鱼只生活在澳大利亚的沿海地区。此鱼性情温和，平均身长15厘米。

铠甲弓背鱼
（*Chitala chitala*）

这种鱼以其扁平的形状而得名。生活在南亚水域，主要依靠臀鳍游动。

鳃斑盔鱼
（*Coris aygula*）

这是生活在印度洋—太平洋地区的热带鱼类，身体为白色，前部带黑色斑点，尤其是头部周围黑色斑点更为密集，但在接近尾巴处完全消失。

神仙鱼
（*Pterophyllum scalare*）

这种鱼生活在亚马孙河流域中部的南美河段及其支流内，最远可达秘鲁东部和厄瓜多尔。它的身上有浅浅的斑纹。

尖鳍
（*Oxycirrhites typus*）

这种鱼生活在印度洋和太平洋的珊瑚礁区域。此鱼身上有网状的棕色条纹，能用长吻捕获猎物。

带斑鲉
（*Scorpaena plumieri*）

它是所有海洋生物中毒性最强的。此鱼以小鱼和软体动物为食，身体酷似海底的形状。

食物决定一切

大多数鱼类在其生存的自然环境中觅食，大鱼吃小鱼，而最小的海洋生物就以植物为食。鱼的嘴巴能说明它的饮食习惯。牙齿大而坚硬，说明这种鱼嗜食贝类或珊瑚；牙齿尖利的鱼捕食其他鱼类；如果某种鱼游动时大嘴张开，那么它的嘴能起到筛滤的作用。有些鱼类能够捕获水面上的食物，比如鳟鱼常捕食苍蝇。●

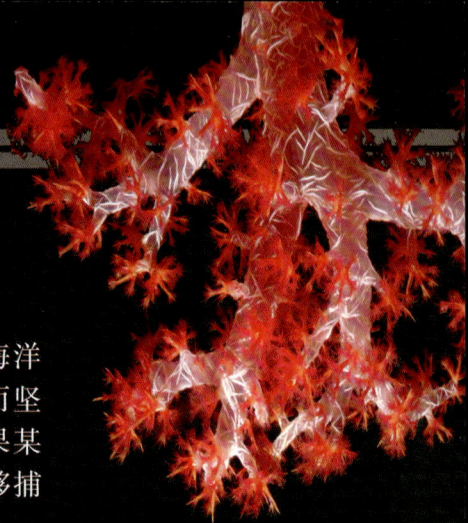

珊瑚
鹦嘴鱼以珊瑚为生。

捕食者

捕食者是以其他鱼类为食的鱼。它们依靠尖牙杀伤猎物或在攻击后牢牢咬住猎物。捕食者捕猎时通常使用的是视觉，但有些在夜间活动的鱼，比如海鳗，则依赖其嗅觉和触觉以及侧线的感觉器官。所有的捕食者都有高度进化的胃，能分泌胃酸消化肉、骨和鳞片。这种鱼的肠道较食草鱼类短，因此消化时间也短。

红腹锯脂鲤
（*Pygocentrus* sp.）

锋利的牙齿
大而尖利的牙齿利于捕食者捕食其他鱼类。

嘴巴
嘴巴就像一个过滤器。游动时张开嘴巴，就能网住浮游动物和小鱼。

鲸鲨
（*Rhincodon typus*）

滤食者

有些鱼类的进化程度较高，能利用嘴和鳃从水中筛滤出自己所需的营养物质。它们包括鲸鲨（*Rhincodon typus*）、鲱鱼（*Clupea* sp.）和大西洋油鲱（*Brevoortia tyrannus*）。

共生

两种生物密切合作共同生活。共生的一种类型是寄生，即一种生物以牺牲另一种生物来获益。海七鳃鳗（*Petromyzon marinus*）就是一种寄生生物，它附在其他鱼类身上，以吸食其体液为生。另一种类型的共生是共栖，即一种生物的获益不以伤害另一种生物为代价。典型的例子是短鲫鱼（*Remora remora*），也叫亚口鱼，靠头部末端的吸盘吸附在其他鱼类的身上。

植　物

水中的生命是建立在浮游植物的基础上的，浮游动物吃浮游植物，鱼吃浮游动物，依此逐级上升，直到大型海洋生物。

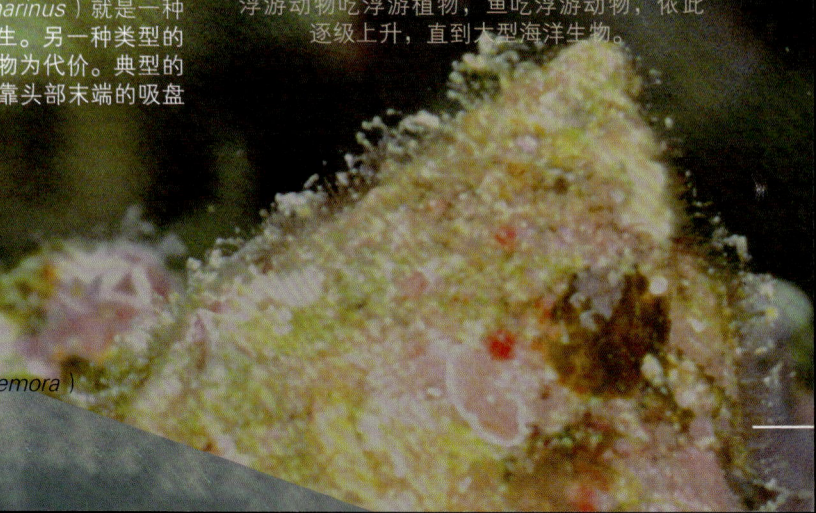

吸盘
它们紧闭眼睛，将吸盘翻转朝下推以增加嘴的压力。

短鲫鱼
（*Remora remora*）

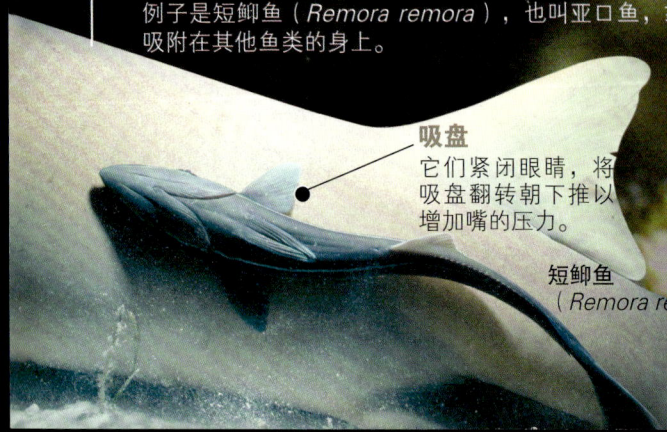

食草者

这种鱼以植物和小块的珊瑚为食。鹦嘴鱼（鹦嘴鱼科）有一个由融合牙组成的角质喙状吻，可以把岩石表面的海藻和珊瑚剥离下来，然后用喉咙后部坚固的板状齿将其磨成粉末。

融合牙

鹦嘴鱼的喙状吻非常坚硬，能够咬断珊瑚的硬骨架，吃食生长在珊瑚上面的海藻。喙状吻实际上是由单个牙齿排列成的类似鸟喙的结构。

咽板
鱼在吞食一块长有海藻的珊瑚后，其喉咙里坚硬的研磨器官——咽板会把较硬的石片磨碎。

差异

肉食鱼类的菜单很丰富，但最基本的食物还是肉类。它们拥有前端开口的嘴、强健的胃和短小的肠道。食草鱼类以水生植物为食，它们的肠道比其他鱼类长。

鹦嘴鱼
（*Scarus* sp.）

嘴的类型

处于前端的

处于上位的
（开口向上的）

处于下位的
（开口向下的）

可伸长的

吮吸者

生活在海洋深处的鱼类，比如鲟鱼（鲟科）和亚口鱼（亚口鱼科），它们每天都忙着吮吸海底的泥土。如果把它们解剖，就会发现其胃里和肠里有大量的泥土或沙子。它们的消化器官在处理完所有这些物质后只会吸收所需的成分。

吸尘器
吸口鱼的嘴就像一个大型的吸尘器，利于寻觅食物。

鲟鱼
（*Acipenser* sp.）

触须
鲟鱼的吻部突出，嘴上有4根敏感的触须。

生命周期

在 水下环境中，鱼类可以把自己的性细胞直接排入水中。但为了保证受精的成功，雄性和雌性的活动必须同步。许多鱼类（比如鲑鱼）为了寻找自己的配偶不惜长途跋涉，而且只有在遇到合适的配偶后，才释放性细胞。由于鱼卵的存活取决于水温，因此时间和地点非常重要。不同的鱼类和自己幼鱼之间的关系也截然不同，有的鱼一旦产下卵，便不闻不问，有的鱼却自始至终都对幼鱼关怀有加。●

体外受精

大多数鱼类都是体外受精。雌鱼一旦将卵排出体外，雄鱼就会把自己的精子分泌在卵上。鱼卵孵化后便生出幼鱼。鲑鱼就是这样繁殖的。

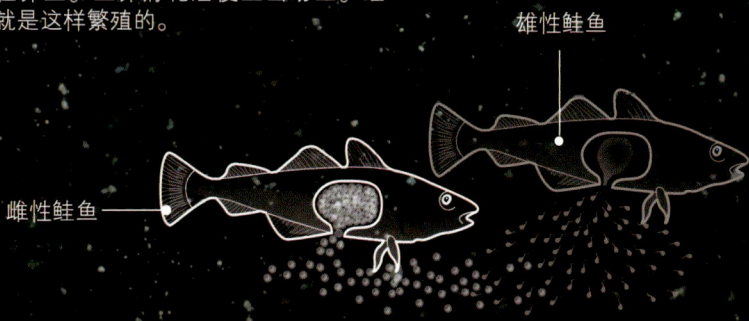

雄性鲑鱼

雌性鲑鱼

2 孵化
90~120天
这是鱼卵孵化所需要的时间。

A 卵细胞和精子结合形成卵子

B 小生命开始生长

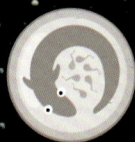

C 然后形成胚胎

1 产卵
第一天
从海中游到河里后，雌鱼会在沙砾中挖一个洞，然后开始产卵。之后周围最强壮的雄性会把自己的精子排在卵上。

雌鱼平均产卵
2 000~5 000个。

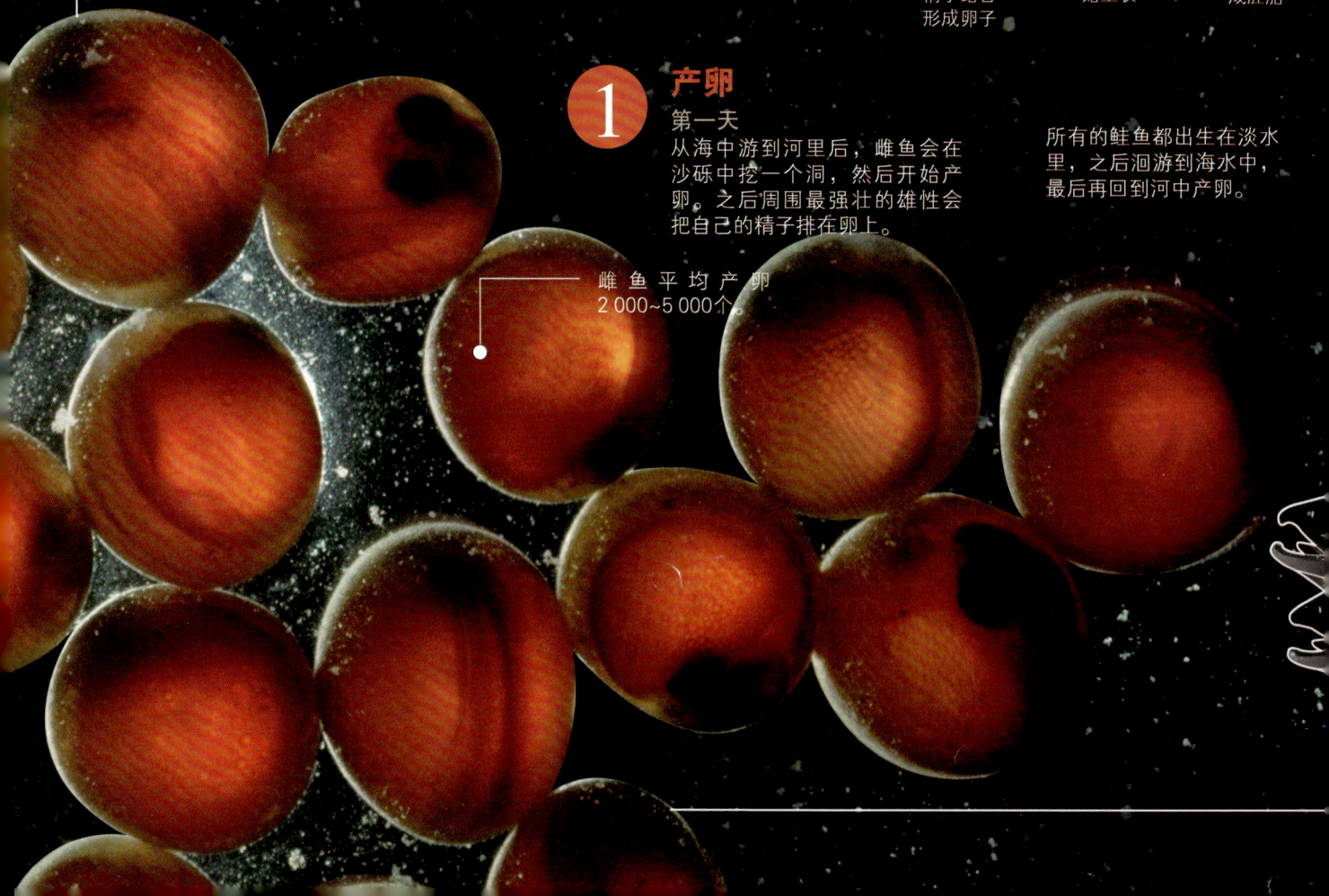

所有的鲑鱼都出生在淡水里，之后洄游到海水中，最后再回到河中产卵。

—鱼苗的身体

—鱼苗的身体

③ 鱼苗
121天
鱼苗以卵黄囊为食。

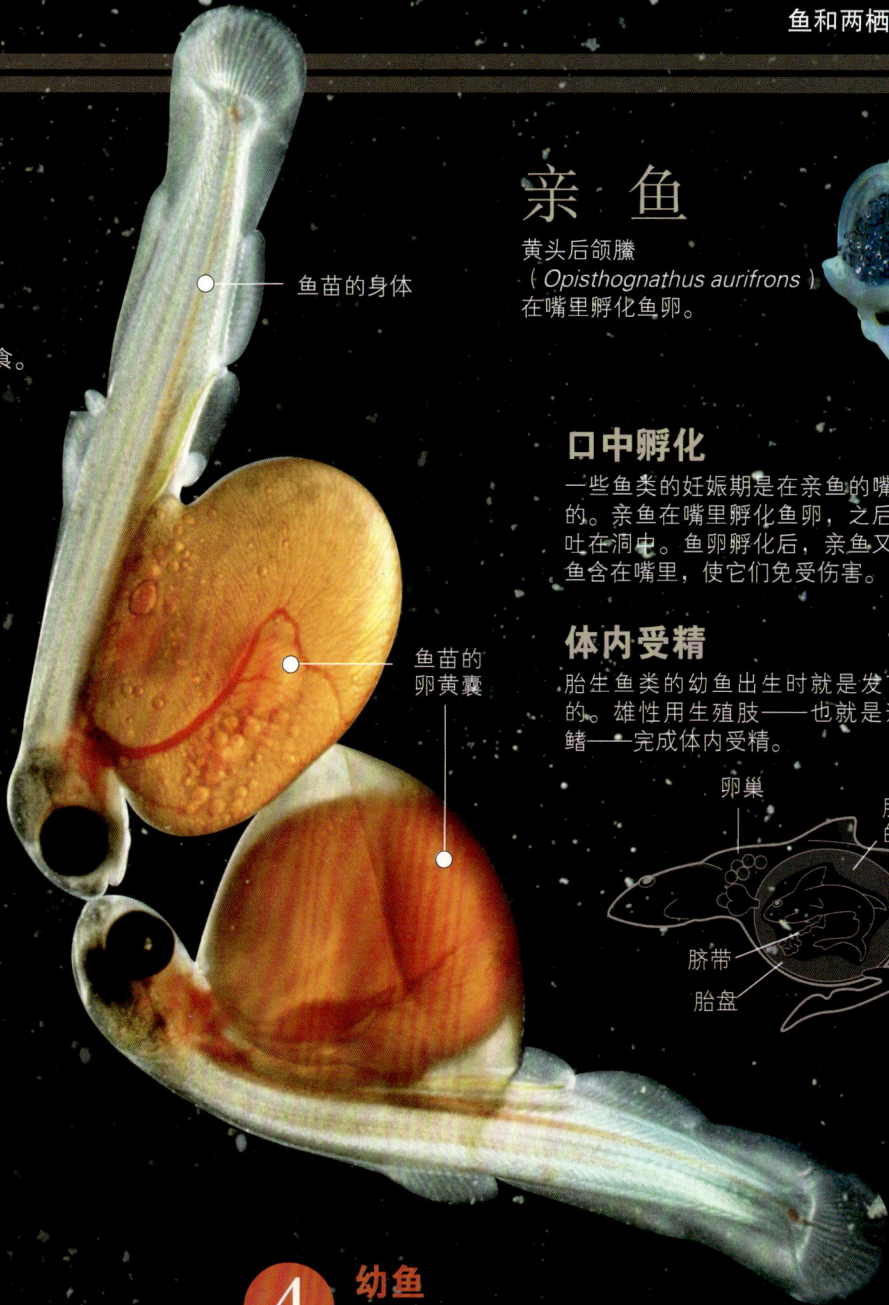

鱼苗的
卵黄囊

鲑鱼的寿命一般为

6年。

亲　鱼
黄头后颌䲢
（*Opisthognathus aurifrons*）
在嘴里孵化鱼卵。

口中孵化
一些鱼类的妊娠期是在亲鱼的嘴里度过的。亲鱼在嘴里孵化鱼卵，之后将它们吐在洞中。鱼卵孵化后，亲鱼又会把幼鱼含在嘴里，使它们免受伤害。

体内受精
胎生鱼类的幼鱼出生时就是发育完全的。雄性用生殖肢——也就是进化的鳍——完成体内受精。

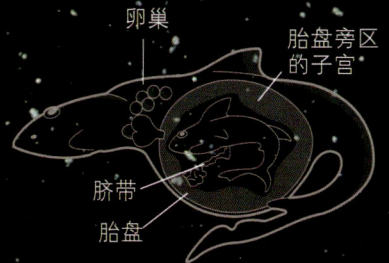

卵巢

胎盘旁区
的子宫

脐带

胎盘

④ 幼鱼
2年
鲑鱼的鱼苗需要2年的时间才能长成雏年幼鱼，之后便洄游到海中，继续生活4年时间。

雌性幼鱼

雄性幼鱼

⑤ 成年
6年
成年的鲑鱼拥有完全发育的生殖器官。每到产卵季节，它们便会回到自己出生的河流产卵。

卵巢　泌尿生殖孔

生与死的命题

为了生存，大多数鱼类需要适应环境来逃离捕食者或寻找食物。欧鲽扁平的身体可以贴合在海底，其象牙色的体色几乎和周围环境融为一体。而飞鱼能凭借胸鳍越出水面，逃离敌人。●

欧鲽

欧鲽（*Pleuronectes platessa*）形状扁平，因此可以贴在海底一动不动。它还是拟态的高手。它的身体两面截然不同，向上的一面布满有伪装效果的红色小圆点。当它躺在海底时，会用鳍在身上铺上沙子，躲避捕食者。

嘴
欧鲽从鱼苗发育为成鱼后，整个身体都会变化，但嘴巴除外，保持不变。

欧鲽
（*Pleuronectes platessa*）

腹侧
仍为象牙色，无色素沉淀。这一侧贴合在海底。

斑点
有利于在沙中隐藏，逃避捕食者。

尾鳍
很薄，几乎不能用于游动。

鳍
背鳍、臀鳍和尾鳍在身体周围形成连贯的线条。

转变

欧鲽刚出生时与普通鱼没有什么两样，并不是扁平的。它在海面附近捕食，利用鳔游动。慢慢地，它的身体变得扁平，鳔也退化了，只能沉在海底。

① 5天
3.5毫米
椎骨开始形成。
两侧各有1只眼睛。

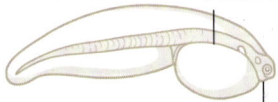

② 10天
4毫米
鳍的皱襞正在形成，嘴已经裂开。

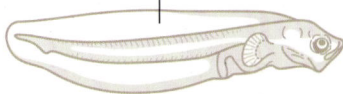

③ 22天
8毫米
尾部出现分叉。
左眼移到头顶。

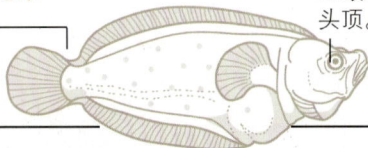

45天
这是欧鲽从典型的流线型鱼苗成长为扁平状成鱼的时间。

飞鱼

飞鱼是一种海洋鱼类，共有8大属，52种。它们生活在各大洋中，特别是温暖的热带和亚热带水域。它最令人称奇的特征就是异乎寻常的大胸鳍，使它能短距离飞翔和滑行。

1

逃离
当捕食者出现时，飞鱼就立即跃出水面。

2

起飞
它会游到水面，纵身跃出水面。

它们可以跃出水面高达6米。

3 **滑翔**
平均滑翔距离为50米，最远可达200米。

这种鱼能够在空中飞越50米的距离。

飞鱼长18~45厘米。

骨骼结构

飞鱼凭借坚硬的鳍在水上滑行，能以65千米/小时的速度持续飞行30秒。

飞鱼有高度发达的胸鳍和腹鳍。

飞鱼
（*Exocoetus volitans*）

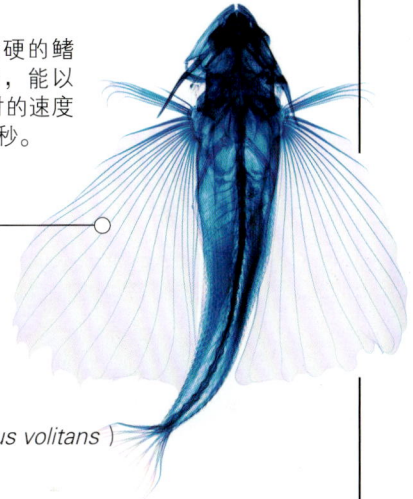

眼睛
两只眼睛均位于右侧。

带斑鲉

带斑鲉生活在墨西哥湾的礁石里。秘鲉，或常说的鲉鱼，身体呈棕褐色，有斑点。嘴和眼睛之间有许多类似苔藓的附器。由于它的质地和颜色与海底非常相似，因此很难被发现。它的背鳍里藏有毒液，能使中毒者产生剧烈的疼痛。

鳃
欧鲽用鳃呼吸。

鳃盖
鳃盖是支撑鳃结构的骨头。

带斑鲉
（*Scorpaena plumieri*）

色素细胞聚集形成黑点。

4 **45天**
11毫米

这只眼不再向右看，而是向上看。

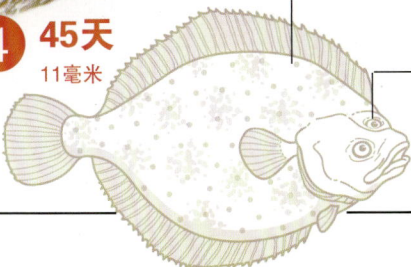

最好的伪装

在面对敌人时，鱼类会施展许多生存手段。有些鱼会逃离、躲在海底，或搅动沙子迷惑对手。有些鱼则会发射毒液，或使身体迅速鼓起并竖起倒刺或刺毛吓退捕食者。生活在大洋深处的鱼类有会发光的身体器官，使敌人头晕目眩。●

密斑刺鲀

与它的亲属河豚一样，此鱼在感觉受到威胁时会吸入大量的水，使身体涨大到原来的3倍，这样捕食者就无法吞食它了。

它还有另一种防御工具：像倒刺一样的鳞。当鱼身鼓起时，鳞就会竖起。

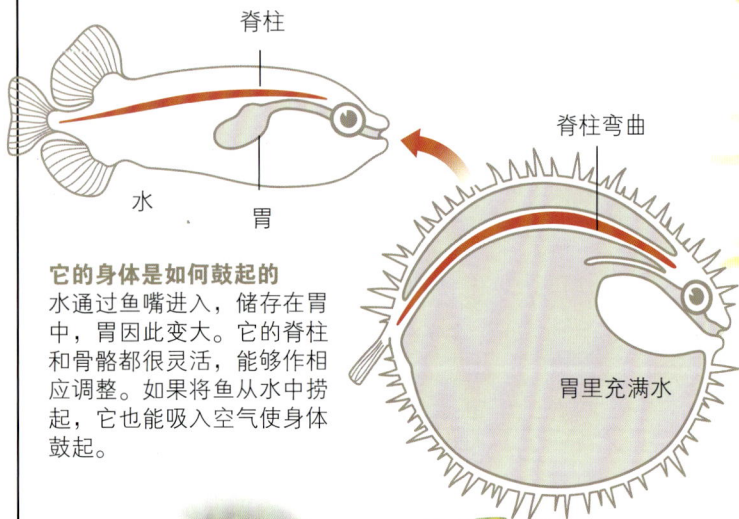

脊柱

水

胃

它的身体是如何鼓起的
水通过鱼嘴进入，储存在胃中，胃因此变大。它的脊柱和骨骼都很灵活，能够作相应调整。如果将鱼从水中捞起，它也能吸入空气使身体鼓起。

脊柱弯曲

胃里充满水

安全时期

刺鲀的鳞是平贴在身上的，与任何其他硬骨鱼的鳞一样。躲开攻击之后，它的身体缩回原来大小，鳞也回到原来的状态。

自我保护

刺鲀的身体鼓起时，直径可达90厘米。中型的捕食者看到它的样子就吓坏了，根本无法吞食它。

像刀一样锋利

黄色高鳍刺尾鱼的尾突有像手术刀一样锋利的硬棘，能任意伸缩并刺伤可能的攻击者。它长约50厘米，只食用海藻。

黄色高鳍刺尾鱼
（*Zebrasoma flavescens*）

这种鱼常与其他鱼类成群游动。

奇怪的花园

花园鳗可以将身体的大部分埋进海底的沙子里，一动不动。一群埋在沙子里的花园鳗看起来就像一丛海藻或珊瑚，即使它们的小眼睛正小心翼翼地搜寻自己食用的小生物。只要一有风吹草动，它们就会钻进洞里。

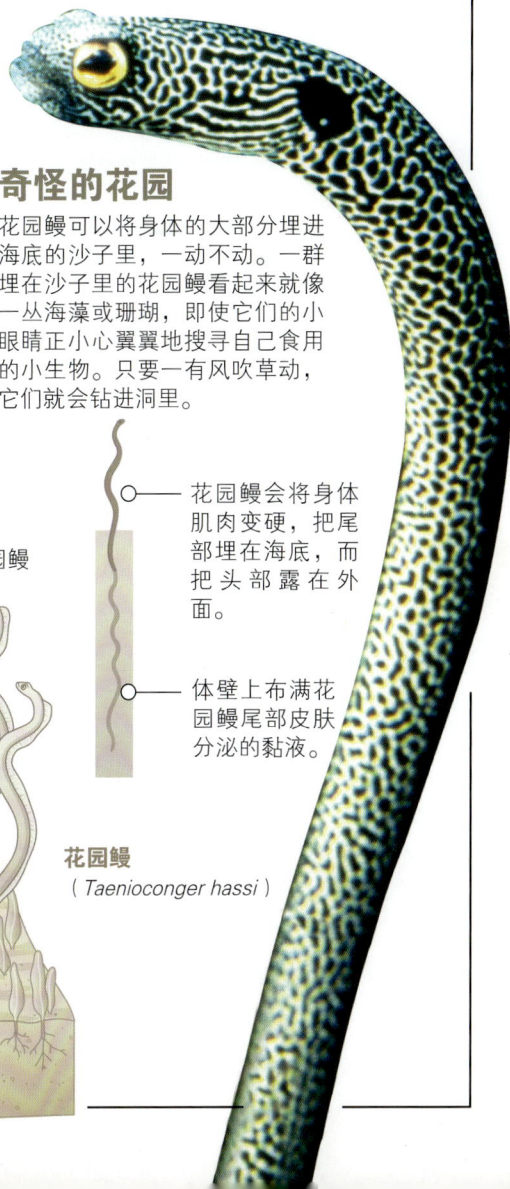

花园鳗会将身体肌肉变硬，把尾部埋在海底，而把头部露在外面。

成群的花园鳗

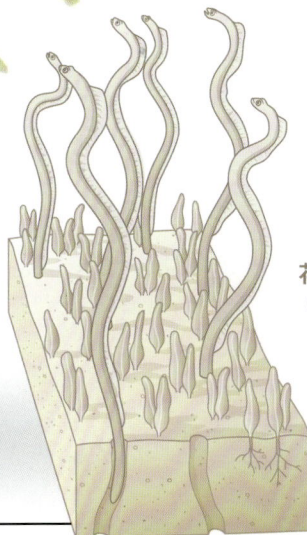

体壁上布满花园鳗尾部皮肤分泌的黏液。

花园鳗
（*Taenioconger hassi*）

密斑刺鲀
（*Diodon hystrix*）

坚硬的棘刺
除尾部外，整个鱼身都布满坚硬的防御性鳞片。当它竖起鳞片时，捕食者几乎不可能噬咬或吞食它。

多样性

在 海洋深处生活着许多鱼类，其中一些温和无害，但有些鱼，比如鲉鱼，却是世界上毒性最强的生物。最可怕的鱼是大白鲨，它是水中真正的杀人机器，尽管它们很少袭击人类。在本章中，我们还将介绍鲑

鲨鱼

鲨鱼在锁定猎物时动用了几种感官，探测远距离的物体使用嗅觉和听觉，距离近时依靠视觉。

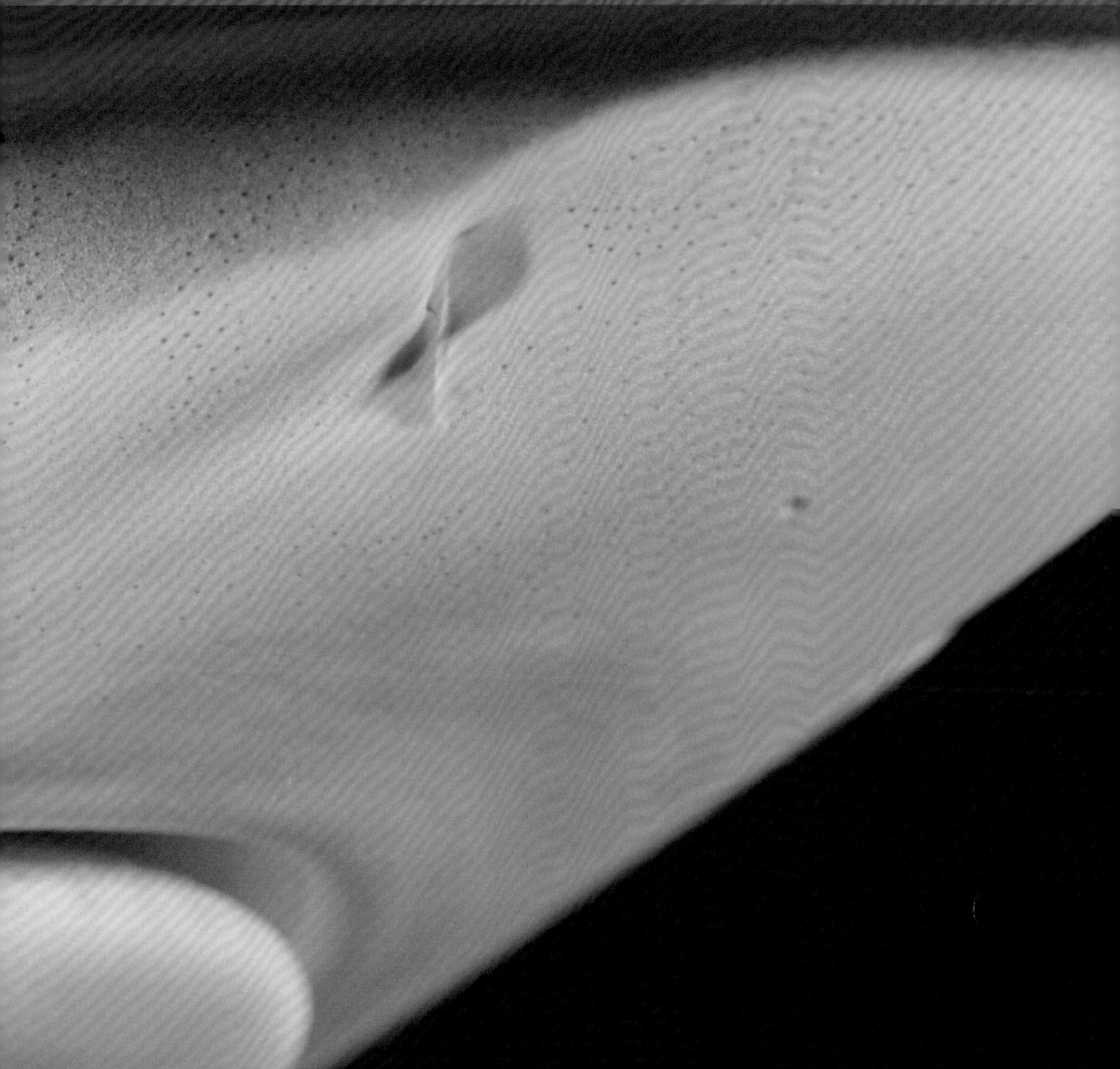

鱼和鳟鱼漫长的返乡之旅，它们从大洋出发，不远千里来到自己出生的河流或湖泊产卵。整个旅途耗时2~3个月，而且危险重重。由于需要消耗大量体力，许多雌鱼在产卵后就死去了。●

长而灵活

海马是一种小型的海洋鱼类，与尖嘴鱼和叶海龙（海龙科）属于同一科，因头部酷似马头而得名。事实上，它是唯一一种头部与身体成直角的鱼类。由于无法迅速逃离捕食者，海马只能改变身体的颜色，融入周围环境。它们的繁殖过程也非常独特。雄性海马有1个孵卵囊，供雌性海马排放受精的卵子。●

短吻海龙
（*Syngnathus abaster*）
它们是海洋中速度最慢的鱼类之一。它通过轻微振动胸鳍移动，每秒可振动35次。

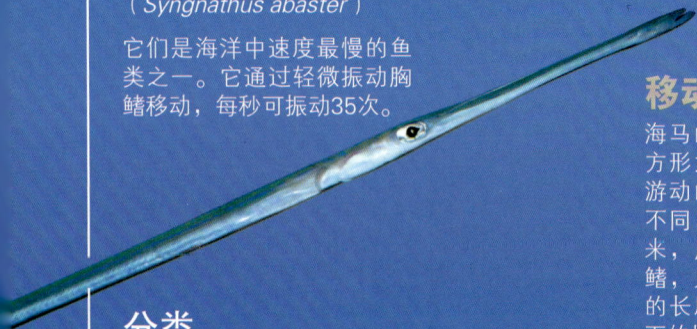

眼
眼睛很大，视觉敏锐。

鼻
鼻呈管状，使整个头部看似马首。

移动
海马的身体覆盖着一层由长方形大骨板组成的盔甲。它游动的方式与其他鱼类迥然不同，游动时身体会竖立起来，用背鳍推进。它没有臀鳍，只有一个卷起呈螺旋状的长尾巴，利用它缠附在水下的植物上。

分类
全球已知的海马约有35种。要区别它们有时比较复杂，因为同一种类的海马会改变颜色，长出长长的丝状物。成年海马的大小也各不相同，既有微小的梦海马——澳大利亚的一种海马，最长不超过1.8厘米；也有巨大的太平洋海马——太平洋的一种海马，长度可达30厘米。它没有腹鳍或尾鳍，但有1个非常小的臀鳍。

草海龙
（*Phyllopteryx taeniolatus*）
它们的形状非常典型，但尾部不像其他海马一样有缠附功能。它的身形比较长，全身布满海藻。

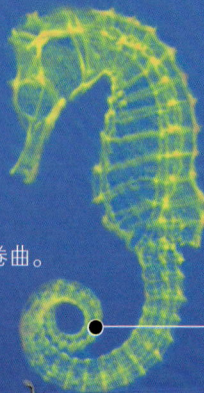

卷起
尾部卷曲。

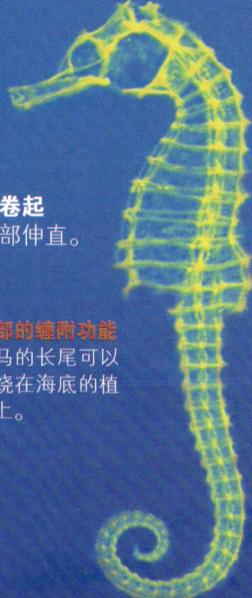

头部

未卷起
尾部伸直。

尾部的缠附功能
海马的长尾可以缠绕在海底的植物上。

躯体
身体由脊柱支撑。

尾部
可以延伸至完全垂直的状态。

海藻
海马任由海藻附着在自己身上掩人耳目。

伪装
由于无法迅速逃离捕食者，海马和叶海龙只能利用伪装保护自己。它们会改变身体的颜色使自己和周围环境融为一体。表皮长出海草状的丝状物，并利用头部攀爬所依附的海藻，然后荡到另一株海草上。

灰海马
（*Hippocampus erectus*）

栖息地	加勒比海，大西洋西部
现存状况	其数量因捕猎和宠物交易的搜集而下降
大小	18~30厘米

鳃
海马用鳃呼吸。

胸鳍
身体两侧各有1只胸鳍，用于横向移动。

35种
这是在加勒比海、太平洋和印度洋海域生活的海马种数。

海马出生时的长度为
1厘米。

骨板
它的身体覆盖着骨环。

背鳍
海马依靠背鳍直立游动。

繁殖
雄性海马有一个孵卵囊，供雌性海马产卵。孵卵囊关闭后，胚胎借助雄性海马的营养物质发育生长。幼年海马发育完全且能够独立后，雄性海马会通过一系列的收缩动作把它们排放出去。

1 在交配季节，雌性海马利用自己的产卵器官在雄性海马的孵卵囊中产下约200个卵，并进行受精。生产来临之前，雄性海马会把尾部缠附在海草上。

2 雄性海马前后摆动身体，似乎正在经历宫缩一样，随后囊的开口逐渐变大，生产过程开始，很快幼仔就出生了。

3 雄性海马通过收缩腹部逐个生出幼仔，每只幼仔有1厘米长。它们一出生就开始食用浮游植物。整个生产过程可能持续2天，结束后，雄性海马往往筋疲力尽。

优雅的外形

鳐目鱼是一种与鲨鱼有亲缘关系的软骨鱼，它拥有和鲨鱼一样的骨架结构、同样数量和类型的鳍以及非常相似的鳃裂。鳐的独特之处在于它的鳃裂位于腹面，躯体扁平，胸鳍与躯干连成一体，形成体盘。它的身上通常布满硬刺。多数种类的脊部有一排小齿。鳐鱼的颜色五彩斑斓，带有斑点，它们常常隐身在温暖海域的泥土里。●

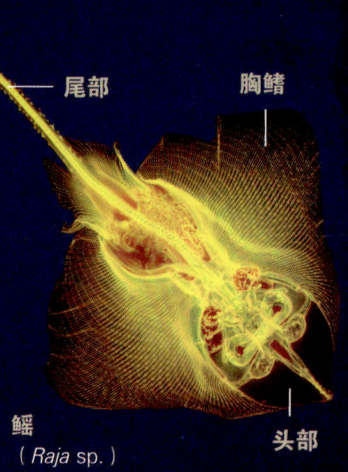

尾部

胸鳍

鳐
（*Raja* sp.）

头部

在水中飞翔

与大多数鱼类不同，鳐鱼的尾部细长、无力，无法推动鱼身前进，因此只能依靠巨大的胸鳍移动。它的胸鳍和头部相连，呈极具特色的菱形。它在水中以S形上下移动，就像在水中飞翔一样。

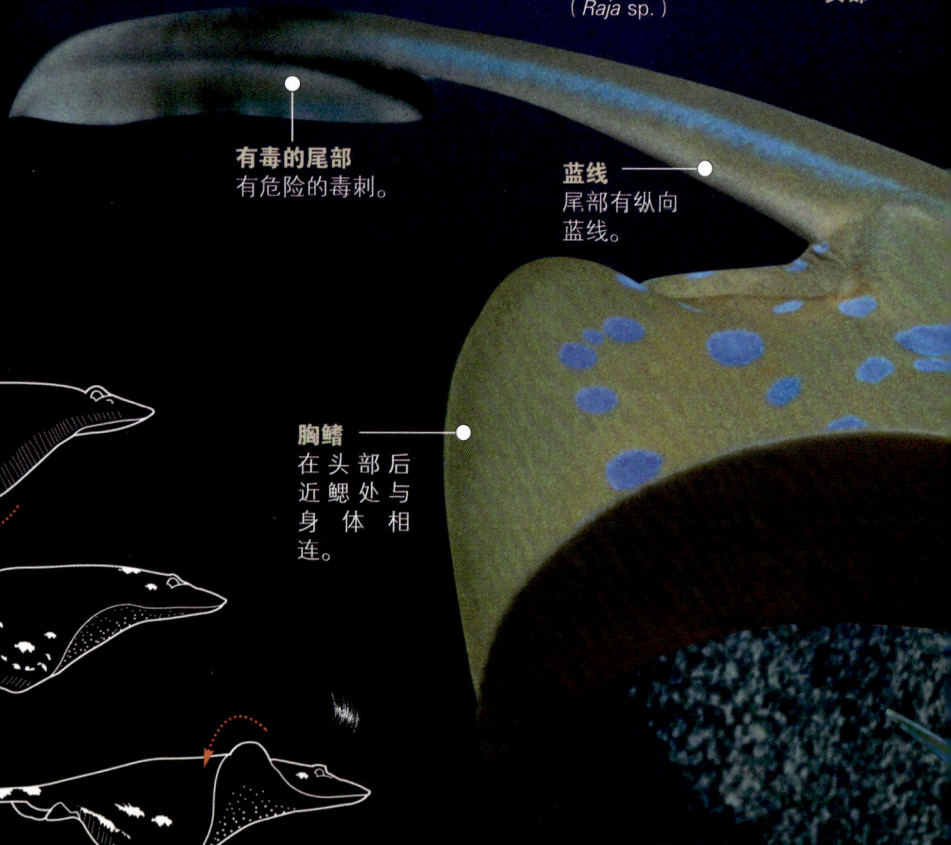

有毒的尾部
有危险的毒刺。

蓝线
尾部有纵向
蓝线。

胸鳍
在头部后
近鳃处与
身体相
连。

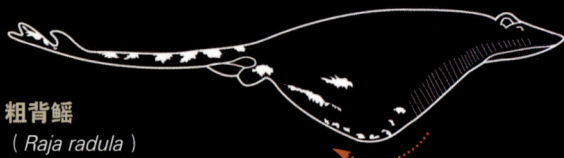

粗背鳐
（*Raja radula*）

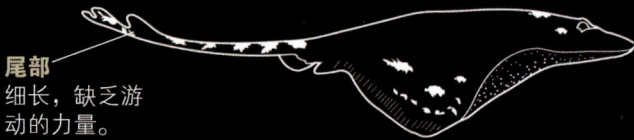

尾部
细长，缺乏游
动的力量。

20千米/小时

蓝点魟鱼

这种鱼身体布满蓝点，生活在礁石、洞穴和裂隙中。在感觉受到威胁时，尾部的毒刺会向捕食者喷射毒液。

笑脸

鳐鱼的面部独一无二，由腹侧的一块薄片保护着。它的角状的嘴巴能适应捕捉甲壳类动物的需要。两侧各有5个鳃裂，用于在水下呼吸。

猬鳐
（*Raja erinacea*）

鼻孔

角状的嘴巴

鳃弓

鳍
游动时上下移动。

头部
保持直立，
向前看。

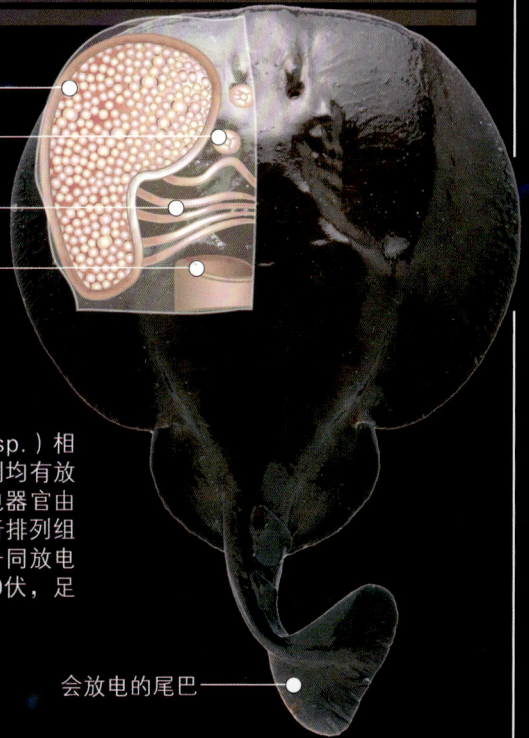

放电器官
呼吸孔
鳃弓
肌肉

蓝点魟鱼
（*Taeniura lymma*）

栖息地	印度洋和太平洋
食物	甲壳类动物
体长	最长达2米
是否有毒	是

世界上有

300

种鳐目鱼。

电鳐

电鳐（*Torpedo* sp.）相当活跃，头部两侧均有放电器官，每个放电器官由无数盘状细胞平行排列组成。当所有细胞一同放电时，电流可达220伏，足以击倒猎物。

会放电的尾巴

腹鳍
较小

眼睛
向外翻

胸鳍
与头部相连

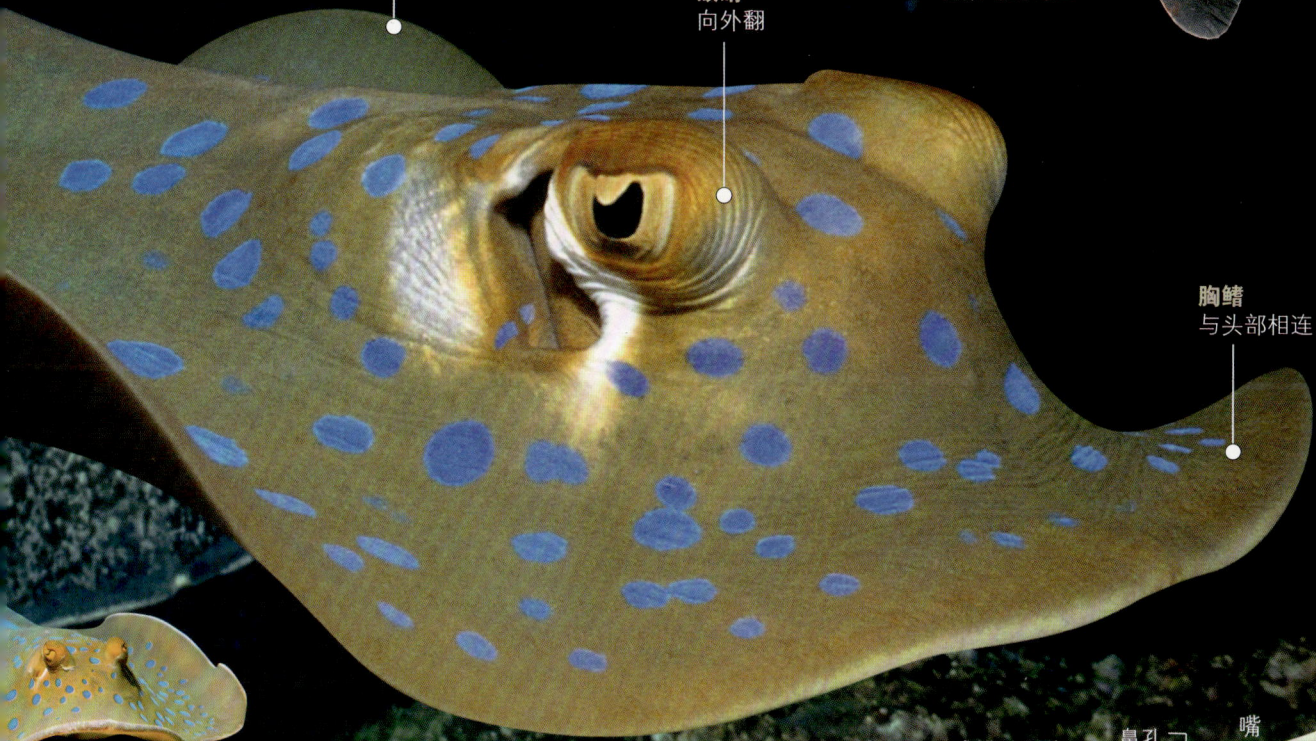

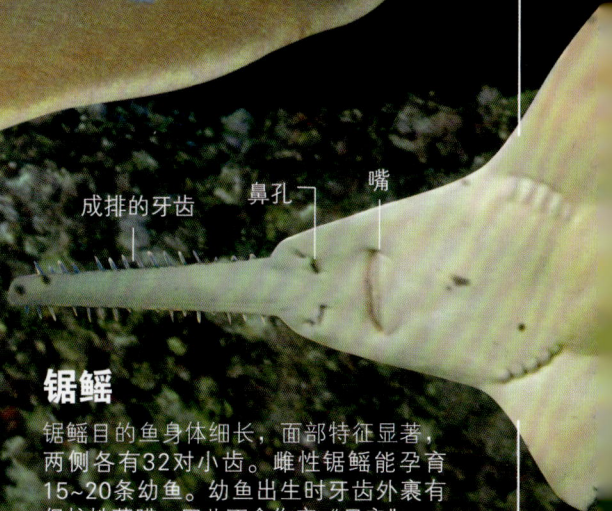

成排的牙齿　　鼻孔　　嘴

锯鳐

锯鳐目的鱼身体细长，面部特征显著，两侧各有32对小齿。雌性锯鳐能孕育15~20条幼鱼。幼鱼出生时牙齿外裹有保护性薄膜，因此不会伤害"母亲"。

大小比较

蝠鲼（又称毯魟）是世界上体型最大的鳐目鱼。虽然体型庞大，但它温和无害，只吃海洋浮游生物。

7米
重1 500千克

2.5米

1米

蝠鲼　　　　　蝴蝶鳐　　团扇鳐

致命的武器

海洋中最大的捕食者之一是大白鲨，它们显眼的白色身体、黑色的眼睛、尖利的牙齿和双颌非常容易辨认。许多生物学家认为，这种鲨鱼攻击人类是一种试探行为，因为它们常常把头部伸出水面，通过噬咬进行试探。这种活动对人类而言非常危险，因为它们的牙齿非常锋利，而且双颌很有力。大多数鲨鱼袭击人类，特别是冲浪者和潜水者的事件都是大白鲨所为。

感官

鲨鱼拥有一些大多数动物没有的感官。罗伦氏壶腹位于鲨鱼头部的小裂缝中，能够探测电流，帮助鲨鱼找到藏匿在沙子里的猎物。鲨鱼的侧线能够探测水下的活动或声音。嗅觉是鲨鱼最发达的感官，嗅觉部位占到大脑体积的2/3。鲨鱼的听觉也高度发达，能探测到频率很低的声音。

鼻窝

眼睛
它们的视力很差，利用嗅觉猎食。

颌
发动攻击时，颌向前伸。

1876—2004年
发生的鲨鱼袭击事件

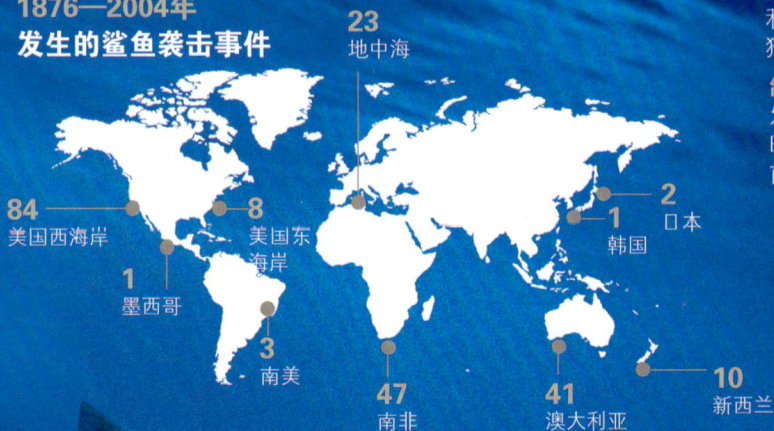

84
美国西海岸

8
美国东海岸

23
地中海

1
韩国

2
日本

1
墨西哥

3
南美

47
南非

41
澳大利亚

10
新西兰

128年间发生了
220次
鲨鱼袭击人类事件。

背鳍

听觉
探测频率很低的声音。

罗伦氏壶腹
探测神经脉冲

侧线
探测水下活动或声音。

鼻子
鲨鱼最发达的感觉器官是嗅觉，占大脑体积的2/3。

电波探测器

尾鳍
大白鲨拥有巨大的歪形尾。

臀鳍

腹鳍

胸鳍
高度发达，在鲨鱼游泳时发挥非常重要的作用。

大白鲨
（*Carcharodon carcharias*）

栖息地	海洋
体重	2 000千克
体长	7米
寿命	30~40年

吻
探寻周围猎物的气味。

吻

锯齿状边缘

锯齿状边缘

牙齿
如果前排的一颗牙齿脱落，后排的牙齿就会前移补上。

锯齿状边缘

下颌

1 **吻部抬起**
头部抬起，双颌张开。

2 **双颌前伸**
鲨鱼用牙齿紧紧咬住猎物，直到猎物死去。

牙齿的更替
鲨鱼一生中要损失几千颗牙齿，但牙齿一旦掉落，都会有新牙补上。

牙齿

喉咙

新的牙齿

颌

鲨鱼的双颌位于头盖骨下面，是软骨而不是骨头。当鲨鱼靠近猎物时，会抬起吻部，颌前伸离开头盖骨，以利于捕食。大多数鲨鱼的牙齿都有锯齿状边缘，用来切割肉类。尖尖的一端负责刺穿肉质纤维，宽而平的表面则起到磨碎的作用。

与其他鱼类比较

大白鲨长7米，是所属鱼类中最大的之一。

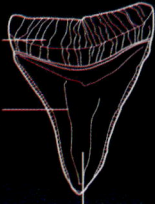

3米
牛鲨（又称白真鲨）

3.4米
柠檬鲨

7米
大白鲨

捕食时刻

大多数鱼类在水生环境中觅食，但有些鱼类却在水面上猎食，最著名的例子就是射水鱼。它们能从嘴里喷出水柱，瞄准附近植物上的蜘蛛和苍蝇，并将其射落。齿蝶鱼能够通过短暂飞行捕捉飞虫。河中的斧头鱼也采取类似的策略：它们有长长的胸鳍和扁平的身体，能够进行大幅度跳跃。●

射水鱼
在印度和东南亚的热带水域中生活着约7种射水鱼，它们通过喷射水柱这种非同寻常的技巧捕捉猎物。

8厘米

24厘米

技巧
舌头向上顶住上颚的凹槽，形成发射水柱的管道。

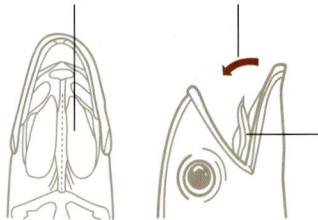

上颚的凹槽　舌头的动作

舌头就像阀门那样运作，用以控制水压。

视角
射水鱼的眼睛很大，有绝佳的视野。

90°
精确的视角

在身体竖直的状态，它可以精确瞄准猎物进行攻击。

它将身体直立与水面形成近90°角来瞄准猎物。

成鱼喷射水柱的距离为
1.5米。

幼鱼喷射水柱的距离为
10厘米。

策略
食肉的射水鱼在捕杀昆虫时有一个特殊策略，对捕捉水面上1.5米内的猎物非常有效。

它瞄准猎物，发射水柱。

昆虫掉落水中，成为它的盘中餐。

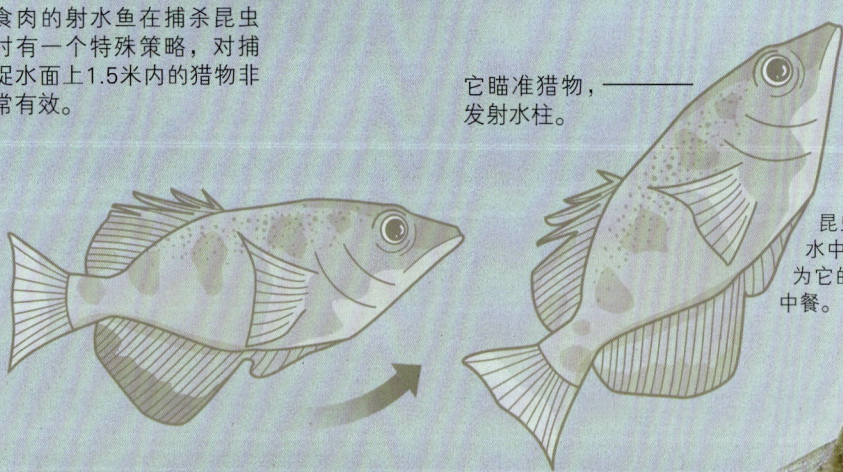

Ⓐ 搜寻猎物
射水鱼的眼睛向上看以搜寻猎物。

Ⓑ 发射水柱
当它锁定猎物时，会将身体直立，向目标发射水柱。

Ⓒ 瞄准猎物
如果第一次发射失误，它会不断尝试。

它的猎物包括蜘蛛、苍蝇和其他昆虫。

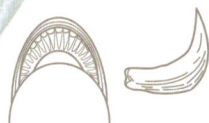

跳跃

射水鱼不仅能射杀猎物，还能跳出水面攻击猎物，使之掉落水中供它享用。

跳跃的高度可以达到

30厘米。

射水鱼的颌在捕猎过程中发挥至关重要的作用。

温暖

射水鱼生活在温暖的水域中。

—— 它在胸鳍的带动下实现跳跃。

齿蝶鱼

它们生活在非洲从尼日利亚到刚果共和国的池塘和水流缓慢的河流中。齿蝶鱼往往成群在岸边猎食，藏身在植物的根部和漂浮的植物中。它们依靠胸鳍"飞"出水面猎取食物或逃避捕食者。它们的食物包括飞虫（它们可以短暂飞行捕捉飞虫）和小鱼。

跳跃的最大高度可达

2米。

在水中，尾部推动身体浮到水面。

胸鳍有翅膀的功能。

射水鱼

（*Toxotes jaculatrix*）

生活在东南亚、印度和澳大利亚北部温度为25~30℃的含盐水中。

眼睛大，聚焦性能好，能有效捕杀猎物。

齿蝶鱼

（*pantodon buchholzi*）

胸斧鱼

胸斧鱼的长度为

7厘米。

这种食肉的淡水鱼生活在南美洲和中美洲。它们成群游动，体长可达7厘米。它们常常在水面附近游动，长长的胸鳍和扁平的身体有助其跃出水面。

胸斧鱼

（*Gasteropelecus sternicla*）

回家之路

在海中生活了五六年后，太平洋红鲑（*Oncorhynchus nerka*）会回到自己出生的河流繁殖后代。这趟旅程长达2~3个月，需要消耗大量精力。它们必须逆流而上，游过瀑布，避开捕食者，包括熊和老鹰。一旦到达目的地，雌鱼便开始产卵，而雄性负责授精。通常它们会年复一年地在某条河流的同一个地点进行繁殖。太平洋红鲑在完成这个繁殖周期后便死去，而大西洋鲑鱼则可以重复3~4次。卵孵化后，新一轮周期又开始了。●

■ 亚洲　■ 阿拉斯加　■ 美国

路线

太平洋里有6种鲑鱼，大西洋有1种。红鲑（*Oncorhynchus nerka*）从太平洋洄游到美国和加拿大的河流，或是阿拉斯加和东亚的河流。

3个月

这是鲑鱼回到出生地所需的大约时间。

1 艰苦的旅程
鲑鱼是逆流而上从海洋游到河里的。一路上，许多鲑鱼葬身熊腹。

无论是瀑布还是强大的水流，都不能阻止鲑鱼的回乡之旅。

5 鱼苗
每年秋天产下的卵中只有40%成功孵化。鱼苗会在河中生活2年，后回归大海。

6 死亡
成年鲑鱼在产卵后数天筋疲力尽而死，身体在河岸边腐烂。

生存

如果两条雌鱼产下超过7 500颗卵，那么只有两条孵化的鱼能在其生命周期临近末尾时仍幸存在世。许多卵都在孵化前死去，而在孵化后，鲑鱼的鱼苗也很容易被其他鱼类吞食。

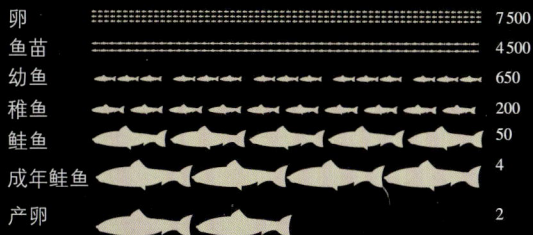

卵	7 500
鱼苗	4 500
幼鱼	650
稚鱼	200
鲑鱼	50
成年鲑鱼	4
产卵	2

② 红河

鲑鱼回到出生地产卵，雄鱼颜色鲜艳，头部为绿色。

从上往下看，鲑鱼就像是一个大红点。

③ 伴侣

当雌鱼忙于在沙床中营造用于存储鱼卵的巢穴的时候，雄鱼正为了获得交配权而争斗着。

一条雌鱼可以产卵

5 000枚。

6年

这是鲑鱼从产卵到成年所需的时间。

嘴
在交配季节，雄鱼的下颌会向上弯曲。

背
背部会隆起。

颜色
青背鲑鱼会变成火红色。

④ 产卵

雌鱼会在一连串巢穴中产下2 500~5 000个卵，之后鱼卵落到砾石中间由雄鱼进行授精。

栖息地、品味和喜好

海洋占地球表面的70%，是生命起源的地方，也是最原始的物种和和进化程度最高的物种共同生活的地方。海洋环境的多样性在某种程度上造成了物种的极大丰富。在海洋越深处，水温越低，光线越暗。这些因素造就了鱼类不同的生态系统、饮食结构和适应策略。

生命保护区

珊瑚需要温暖的海水和充足的阳光。它们是由珊瑚虫分泌的石灰质物质长年形成的大礁石。在这个小生态环境中生活着许多物种。

珊瑚礁只出现在热带浅海。

0~200米

上层
海藻和以海藻为食物的动物生活在上层，由于有光线存在，可以进行光合作用。

150米

在这一深度没有浮游生物。许多生活在150米以下的物种晚上会游到上来觅食。

剑鱼 / 飞鱼 / 管口鱼 / 小丑鱼 / 锤头鲨 / 笛鲷 / 蝠鲼 / 鳕鱼 / 金枪鱼 / 军曹鱼 / 蓝神仙鱼 / 条纹鲈 / 梭鱼 / 海鳗 / 翻车鱼 / 太平洋沙丁鱼 / 虎鲨 / 河豚

海洋最深处

"的里雅斯特"号深潜器创下了深潜器潜海的最深纪录。1960年，它承受深海的巨大压力抵达海平面以下10 911米的马里亚纳海沟底部。

致命的光线
海洋深处的捕食者利用身体发光吸引猎物。

在黑暗中视物
为了适应环境需要，这些食肉动物的视网膜只能感觉到蓝色，它是海水中传播效果最好的颜色。

200~1 000米

中层
这里没有充足的光线供海藻生存。

600米

底层鱼类
在特定层次的海底，到处有底层鱼类在泥中寻找食物。

1 000~4 000米

深层
这里的物种生活在一片黑暗中，不过有些生物具有些能自己发光。这里的温度在2~4℃。

4 000米以下

深渊层
这里几乎未曾被探索过。生活在这里的物种包括一些头大牙齿硬的巨型鱼类以及海绵和海星等。

生命所需的热量
火山口是唯一的热源，它们为周围生命的存在提供了条件。

火山
一些深海平原上的火山现象促成了生命的形成。火山的熔岩迅速冷却凝固，形成喷口，而周围大量熔岩肉眼可见（肉生性蠕虫）及肉眼不可见的生物（细菌）可以作为无数鱼类的美餐。

带斑鹰鲷
鳗鱼
红星鳐
海绵鱼
北梭鱼
凤梨鱼
扁鲨
鞍带石斑鱼
六鳃鲨
海蛇
加州平头鱼
蝴蝶鱼
深海龙鱼
鮟鱇鱼
吞噬鳗
鳕鱼
尖牙鱼
皇后鱼
三刺鲀

矿物
凝固的熔岩
岩浆房

水中险境

世界上所有的海洋中都有有毒的鱼，它们产生有毒物质通常不是为了威胁人类，而是为了保护自己免受大型水生捕食动物的侵害。虽然某些种类的河豚鱼肉有毒，但在日本，只要处理得当，它们仍不失为一种美食。●

游动的堡垒

翱翔蓑鲉，也称飞鲉，是一种非常迷人的海洋生物，世界各大水族馆都有它们的身影。它属于鲉科，为带脊棘和毒液的鱼类，比如带斑鲉。翱翔蓑鲉的背鳍上有用于自我保护的带强效毒囊的鳍棘，毒液的强度依种类而不同。它的体型较长，鳍高而宽。

翱翔蓑鲉
（*Pterois volitans*）

栖息地	印度洋、太平洋和斯里兰卡
最大的长度	38厘米
科名	鲉科

像一只孔雀
鲉鱼因为其亮丽的颜色而深受水族馆的喜爱。这只鲉鱼正舒展胸鳍，活像一只孔雀正在打开雀屏。

两根胸棘
嘴部下方的附器，用于攻击较小的鱼或甲壳类动物，刺向其头部。当它看到潜在的猎物时，会向前猛扑。

致命的武器

每根鳍棘都包裹着一层鞘，从底部直到顶部。当鳍棘刺透物体表面时，其内的毒腺会受压而发射液体。

表层

毒腺

鳍棘

13根背棘
攻击越猛烈，它们造成的伤害越严重。如果背棘断裂，留在猎物体内，导致的伤害会更大。

鳍棘底部

毒腺位于中央一个长凹槽的内部，外面覆盖分泌毒液的腺性组织。

尾鳍
它夺目的颜色似乎传递着"我有毒"的讯号，令捕食者退避三舍。

3根臀棘
臀鳍的前3根棘刺朝下。

1 200倍

河豚毒素的毒性是氰化物的1 200倍，由此可知它的致命程度。

致命的美味

在日本，河豚是一种鲜美却致命的佳肴。它含有致命的四环毒素，但是肉质非常鲜美，以至于日本的美食家们不惜冒生命危险也要品尝这种鱼中之王。为了烹调这道高风险的鱼，厨师必须从一所专门的河豚烹饪学校获得执照。

肠
河豚的肠壁也有毒。

肺
毒性极高。胃部膨胀时，肺即受到压缩。

卵巢
毒性最高的内脏。

活岩石

带斑鲉属于鲉科的另一类。它们埋藏在海岸边的沙子里，又硬又厚的鳍棘会刺穿人的脚。它们仅凭食用嘴边游过的鱼能生存4个月。

鳍棘承受压力后，毒囊会打开，通过鳍棘中间的管道，向有意或无意的攻击者发射毒液。

有毒的鳍棘

带斑鲉
（*Scorpaena plumieri*）

尖利的牙齿
它用巨大的牙齿和强大的吸力咬住猎物，把它们吞下。

斯隆氏角鳉鱼
(*Chauliodus sloani*)
长30~50厘米，体色为深蓝色或银色，生活在温暖的热带水域。

适应微弱光线的眼睛

照膜
像镜子一样反射光线。每束光线向视网膜两次，使其敏感性加倍。

光线

视网膜
无法看到红色光线，只能接收在水中传播效果较好的蓝色光波。

角裸瞻鲉
(*Anoplogaster cornuta*)
这个可怕的猎人用下颌和坚硬的牙齿捕杀猎物。

发光球
和大多数深海鱼一样，它也有拟饵器官。

丝状物
覆盖全身，起保护作用。

黑暗之王

在水下2 500米的深处几乎一片漆黑，然而一种叫作深海鱼的珍稀物种却生活在这里。在这种环境下，只有海底热液喷口附近的温水里才有生命的存在。但即使有这种天然热源，许多地方的温度仍然从未超过2℃。生长在这里的鱼有独特的外形。头大，牙齿尖利，有利于捕食其他鱼类。因为这里没有植物生长，为了吸引猎物，许多鱼类拥有能在黑暗中发光的"拟饵"器官。此外，它们的体色常为深黑色或深棕色，便于伪装。●

乔氏茎角鮟鱇
(*Caulophryne jordani*)
这种深棕色的鱼依靠头部的发光器官在黑暗中前进。

深海龙鱼
（*Bathophilus* sp.）
生活在世界上大多数热带地区，身体两侧有有发光器官。

下巴的附器
发射光线吸引猎物。

喷气孔
地球表面的开孔，排放地热水和矿物质，水冷却后，矿物质凝固了。

2℃ 喷气孔附近的水温

管虫的触手
管虫没有嘴或消化道。它们依靠体内生活的细菌通过化学合成在水中产生的有机分子为食。

发光球
发出浅蓝色光芒，这种光线在水下传播的距离最远。

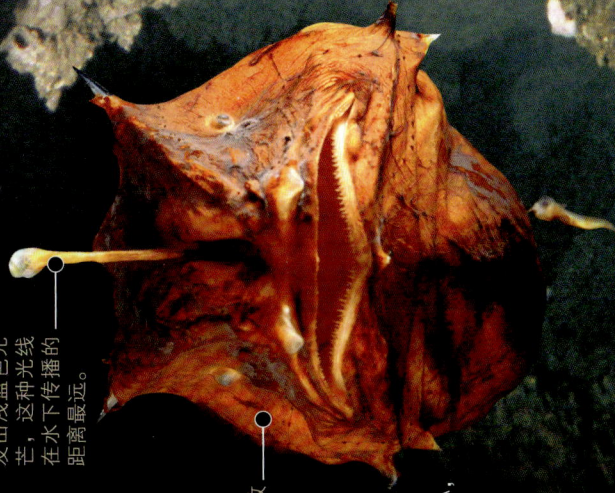

皮肤
深色皮肤很难被攻击者发现。

约氏黑角鮟鱇
（*Melanocetus johnsonii*）
15厘米长，鳍小，无法快速游动。

尺寸
体重300克
10厘米

发光的拟饵
发射光线吸引猎物。

静水压力
水越深，压力越大。在马里亚纳海沟（地球上最深的海沟），每平方厘米的水压为1.2吨。

1立方米水=1000千克

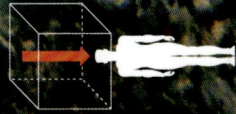

水深
2 500米。

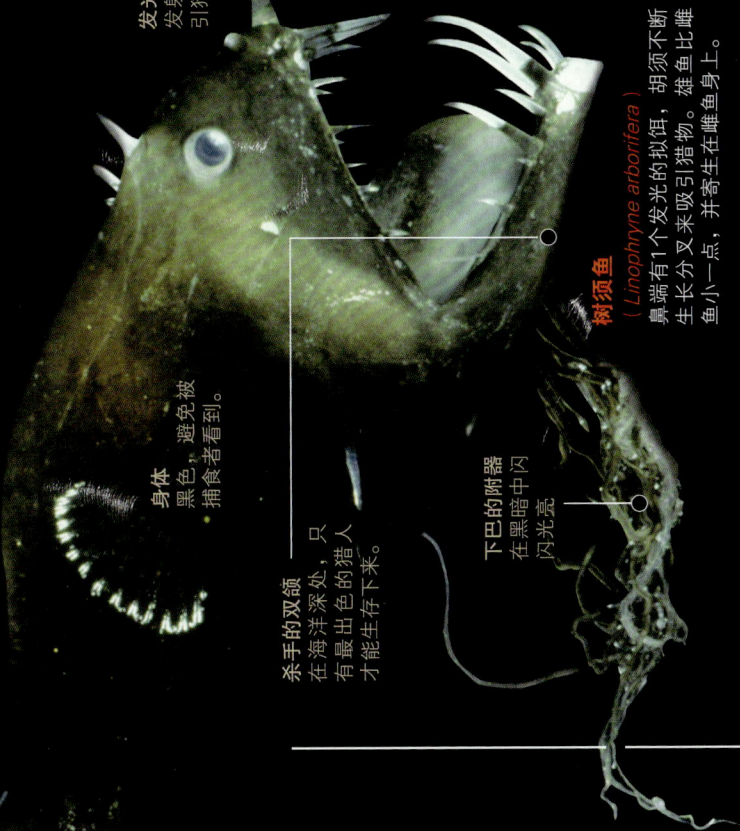

身体
黑色，避免被捕食者看到。

发光的拟饵
发射光线吸引猎物。

树须鱼
（*Linophryne arborifera*）
鼻端有1个发光的拟饵，胡须不断生长分叉来吸引猎物。雄鱼比雌鱼小一点，并寄生在雌鱼身上。

下巴的附器
在黑暗中闪闪光亮。

杀手的双颌
在海洋深处，只有最出色的猎人才能生存下来。

尾和鳍
有发光细胞。

疏棘鮟鱇
（*Himantolophus groenlandicus*）
雌鱼可长达60厘米，而雄鱼只有4厘米长，寄生在雌鱼身上。

海　蛇

鳗鱼（鳗鲡目）属于一种辐鳍鱼（辐鳍纲），有着长长的、蛇一样的外形。过去，它们是非常重要的食物来源。世界上有600种真正的鳗鱼，包括海鳝、康吉鳗和蛇鳗。鳗鱼的颜色和花纹五彩斑斓，从纯灰色到斑驳的黄色不等。它们身上没有鳞片，只有一层保护性的黏膜。最奇特的鳗鱼是绿海鳝，它们生活在加勒比海的珊瑚礁里，静静等待猎物的到来。虽然它们无毒，但潜水者们最怕它们，因为一旦被它们咬到，就会留下可怕的伤口。●

绿海鳝
（ *Gymnothorax funebris* ）

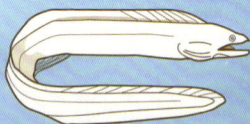

栖息地	加勒比海
水深	8~60米
体重	29千克

体重29千克
2.5米

绿海鳝

与大多数鱼类不同，绿海鳝没有鳞片，但会分泌一种滑滑的薄膜来保护其厚厚的、肌肉发达的身体，同时预防寄生生物。它们晚上出来猎食，凭借绝佳的嗅觉搜寻猎物。

康吉鳗
（ *Conger conger* ）
世界上有约100种康吉鳗。这条是深灰色的。

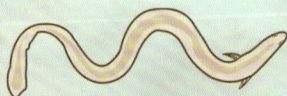

体重65千克
2.7米

视力
很差

嗅觉
高度发达，用于搜寻猎物。

嘴

上颌有2排牙齿。

下颌只有1排牙齿。

牙齿的数量为
27颗。

它们如何攻击猎物

A 藏身处
它们生活在珊瑚礁的裂隙和洞穴中，密切注意外面的动静，时刻准备向猎物发起进攻。

猎物

B 攻击
晚上，它们发现猎物（鱼类和章鱼）后，立即用尖牙咬住它们。它的牙齿是向后倾斜的，能防止猎物逃走。

它用牙齿把猎物撕裂。

C 盘起身体
在整个吞下猎物后，鳗鱼会将身体盘成两圈，在消化道里碾碎和压平猎物。

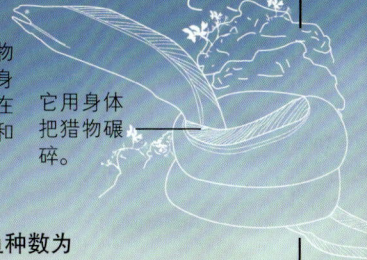

它用身体把猎物碾碎。

世界上的鳗鱼种数为
600种。

黑体管鼻鳝
（*Rhinomuraena quaesita*）
生活在印度洋和太平洋水域，以小鱼为食。雌鳗有黄色的背鳍。

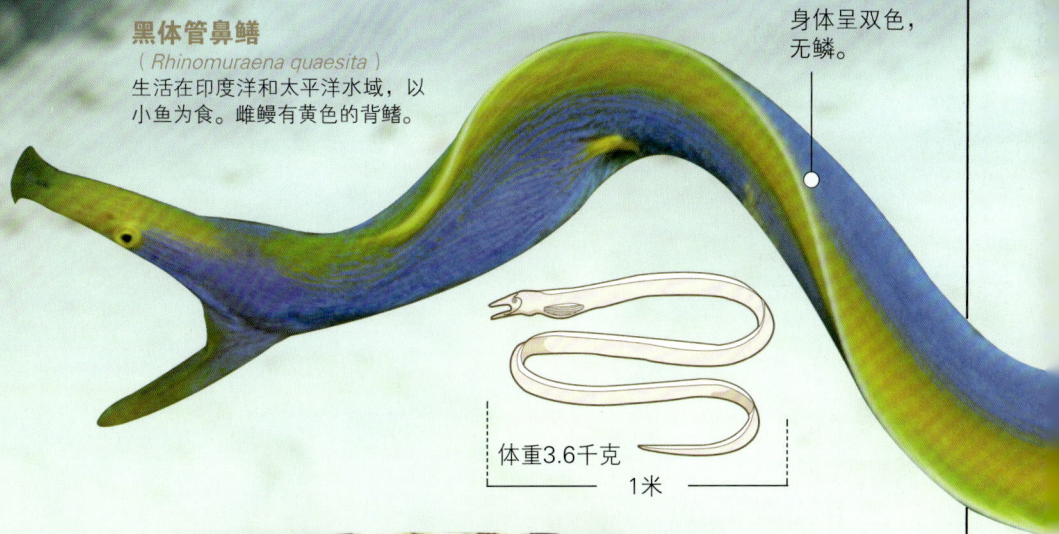

身体呈双色，无鳞。

无鳍
身体修长而强壮有力，没有胸鳍和腹鳍。背鳍和臀鳍很长，但尾鳍很短。

体重3.6千克
1米

重24千克
80厘米

云纹海鳝
（*Echidna nebulosa*）
生长非常缓慢，需要两年才能发育成熟。

深棕色和黄色相间的身体上覆有一层保护性的黏膜。

走向陆地

某些鱼类离开水后也能够呼吸和生存，比如东南亚的弹涂鱼，它们可以生活在泥泞的平地上，甚至能够爬树。由于皮肤上某些细胞的功能，它们只要保持皮肤的湿润就能呼吸。还有一些鱼类仍然保留着像最早登陆的水生动物那样未发育完全的肺。●

有肺的鱼

肺鱼的肺未发育完全，最初源自鳔和食道之间的某种连接。它使得这种鱼离开水面时，也能借助鳔呼吸空气。根据种类的不同，肺鱼可以间断甚或不间断地呼吸空气。世界各地都曾发现过这些鱼的化石，这表明它们在中生代时数量众多。它们或许是最早长出肺的脊椎动物。但是，如今肺鱼只生活在3个地区，而且都是淡水区域。

南美肺鱼
（ *Lepidosiren paradoxa* ）
有1个小小的鳃器官和2个肺，干旱季节可以用肺呼吸。

非洲肺鱼
（ *Protopterus annectens annectens* ）
有肉质肢状鳍和3个外鳃。在干旱季节，它会分泌一种物质裹住自己，并可保持这种状态达1年之久。

某些肺鱼在泥淖中能存活

9个月。

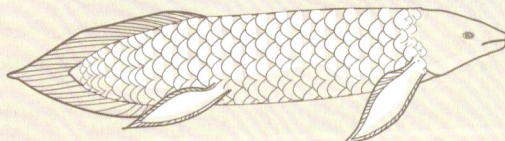

澳洲肺鱼
（ *Neoceratodus forsteri* ）
如果长期呼吸空气就会死去。最长可达1.25米，重10千克，可存活65年以上。

1 水平面下降
鱼开始寻找水下的软泥地带为自己挖1个洞。

2 头先进入
鱼先把头伸进洞中，然后分泌黏稠的液体，使整个身体能不用费力地滑进洞里，同时保持身体的湿润。

3 转身
肺鱼把身体蜷曲起来，头朝上。在水平面下降前，用黏土封住出口。

4 休眠
它通过封口处的两3个小洞呼吸，将身体的功能活动降到最低。

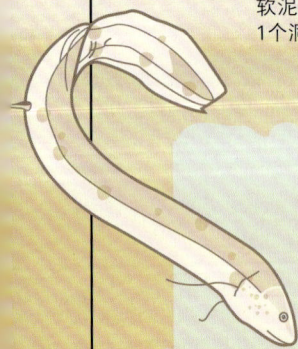

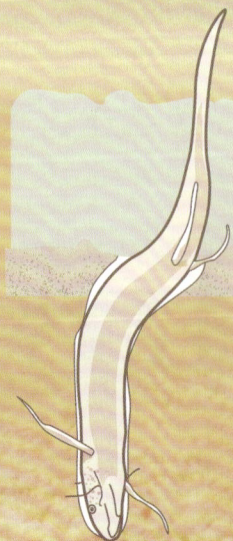

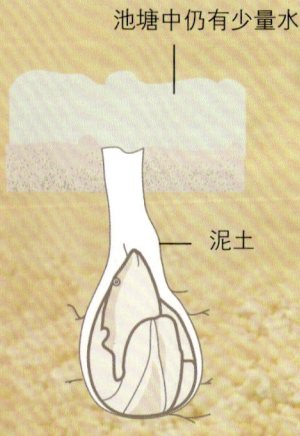

池塘中仍有少量水

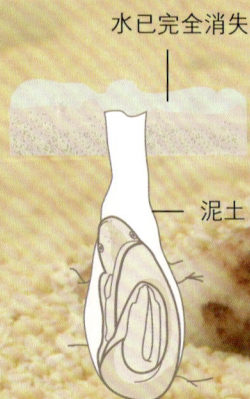

水已完全消失

泥土

泥土

在泥土中

当干旱季节来临时，河流和池塘都干涸了，非洲和南美肺鱼会在沿岸的泥土中挖洞，把自己埋在里面，将身体的新陈代谢机能降到最低，尽量减少能量的消耗，直到水平面再次上升。

大西洋弹涂鱼
（*Periophthalmus barbarus*）

这是唯一一能完全适应两栖生活的水中鱼类。那么它们的生存秘诀何在呢？它们的皮肤和鳃附近的几个特殊腔体都能蓄水，这样离开水后还能用鳃呼吸。它们生活在东南亚的印度洋和太平洋沿岸以及马达加斯加的西海岸，通常在浅水区活动，附着在植被的根部和海草上，并把头抬出水面。它们可以在泥土和干燥的地面上灵活移动，甚至能爬树，而且无论是在地面上还是水中都能顺畅地呼吸。

眼睛
大而突出，有全景视野，外面有一层薄薄的保护皮。鱼会不断转动眼睛保持它的湿润。

储水腔
储存海水的空腔，这样即使离开水，鳃也不会完全干燥。

鳃
位于1个含有水和空气的腔体内部，只要保持湿润，就能吸入空气。

嘴和喉咙
也有呼吸器官。

肢状鳍
鱼离开水后，靠肢状鳍行走和跳跃，甚至还能爬树。而在水中，则在水底爬行。

腹盘
进化的鳍，其作用像杠杆一样，协助鱼攀爬树根和树干。

皮肤
皮肤是呼吸器官，需要时刻保持湿润。皮肤细胞可以蓄水。

肌肉组织
适应身体在泥中跳跃的需要。该鱼因此而得名。

活化石
肺鱼在过去2.5亿年中未再进化。

弹涂鱼
（*Periophtalmus sp.*）

栖息地	亚洲的印度洋和太平洋沿岸
科名	鰕虎鱼科
体长	15厘米

两栖动物

科学家们对箭毒蛙的兴趣远远超出了其他两栖动物。此类青蛙的表皮会产生有毒分泌物，而且色彩鲜艳，有警告捕食者的作用。两栖动物（水螈、蝾螈、青蛙、蟾蜍和蚓螈）最重要的特征之一是它们

毒蛙

箭毒蛙会分泌一种破坏神经系统的特殊毒素。

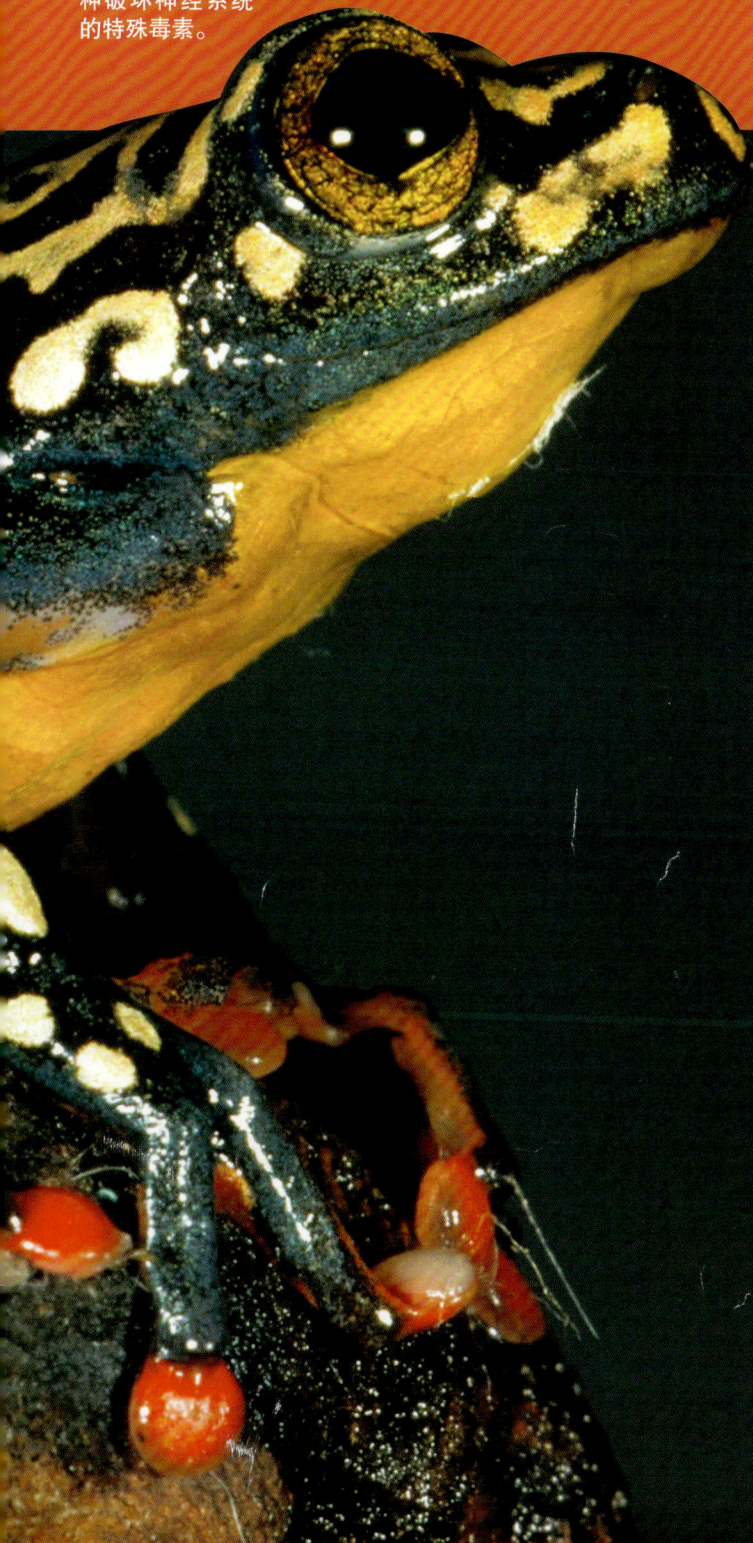

登上了陆地，这完全改变了这些动物的四肢，使它们能在陆地上行走而不是游动，同时它们也学会了用皮肤和肺汲取氧气。在本章中你还会了解到青蛙和蟾蜍如何繁殖，水螈如何进食以及其他奇妙的事情。●

远　亲

最早的两栖动物是由肉鳍鱼进化而来的。它们的鳍呈叶状，像腿一样。它们之所以上岸，可能是因为食物，但最重要的原因是泥盆纪时期的动荡严重破坏了淡水环境。在长期的干旱条件下，它们依靠肉质鳍从一个池塘移居到另一个池塘。氧气的供应也受到了影响，因此更多的生物学会了从空气中汲取氧气。●

腿：进化

▶ 2004年，美国芝加哥大学的古生物学家尼尔·苏宾向科学界详细描述了3.65亿年前的一块肱骨。最早适应陆地的四足动物，其腿的形状、大小和力量各不相同。在把这块化石和其他四足动物的肱骨进行比较后，科学家们得出结论，腿和行走所需的肌肉的进化始于水中。

提塔利克鱼

泥盆纪晚期的一种肉鳍鱼，具有许多四足动物的特征，它们生活在3.75亿年前。一些古生物学家认为它们是鱼类和两栖动物之间的另一种过渡形态。

真掌鳍鱼（又称新翼鱼）

体型较大，长约75厘米。骨骼和早期两栖动物的骨骼有许多相似之处；头盖骨与棘螈和鱼石螈类似。鳍的骨骼包含前鳍的肱骨、尺骨和桡骨以及腹鳍的股骨、胫骨和腓骨。

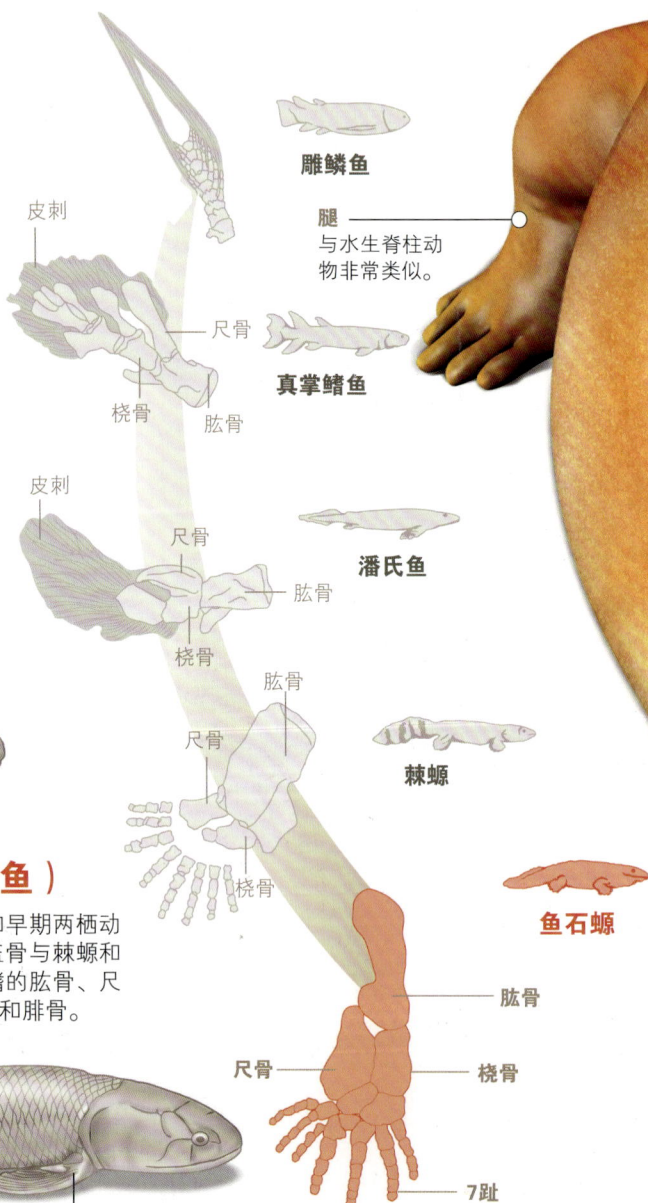

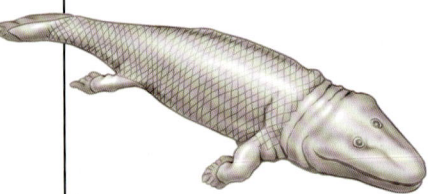

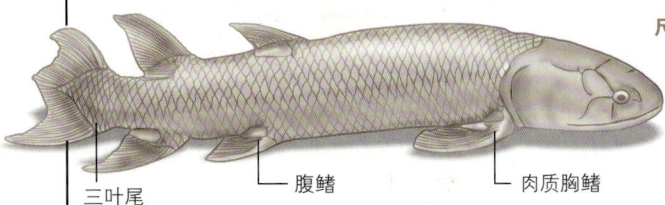

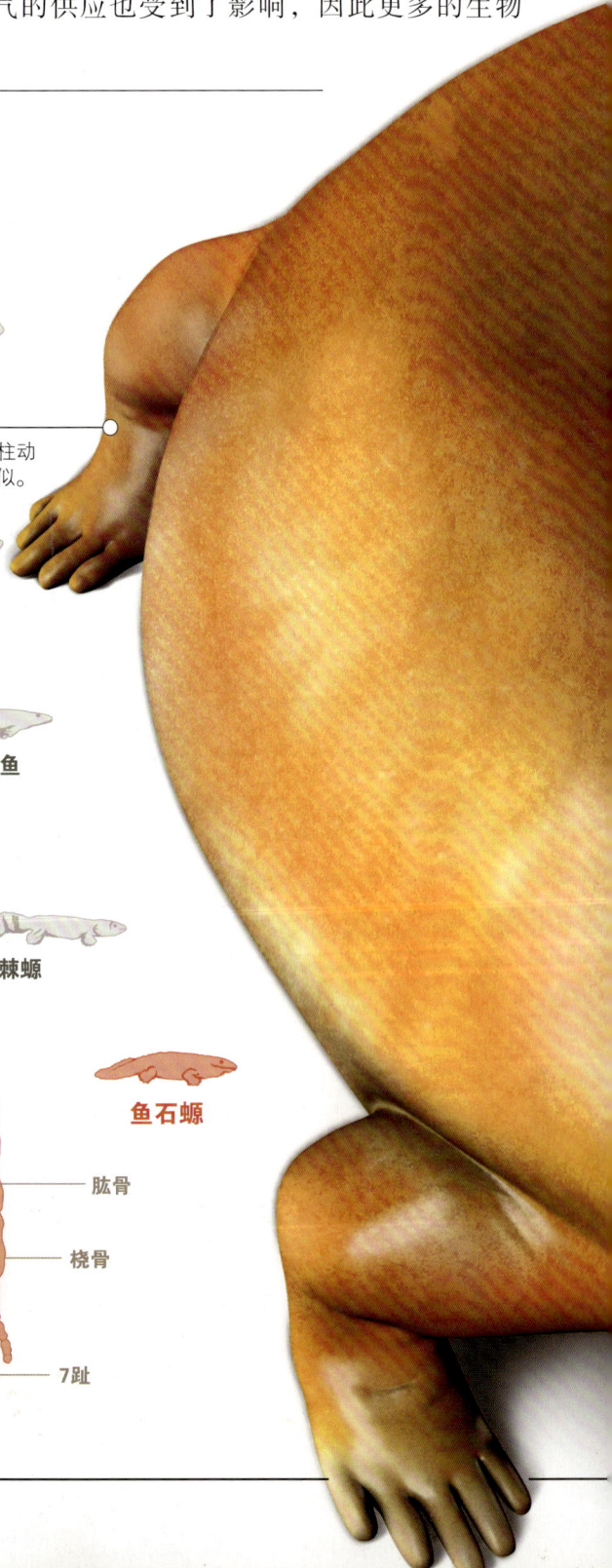

皮刺　尺骨　桡骨　肱骨

雕鳞鱼
腿　与水生脊柱动物非常类似。
真掌鳍鱼
潘氏鱼
棘螈
鱼石螈

肱骨　桡骨　尺骨　7趾

三叶尾　腹鳍　肉质胸鳍

鳞
全身布满鳞片，和鱼一样。

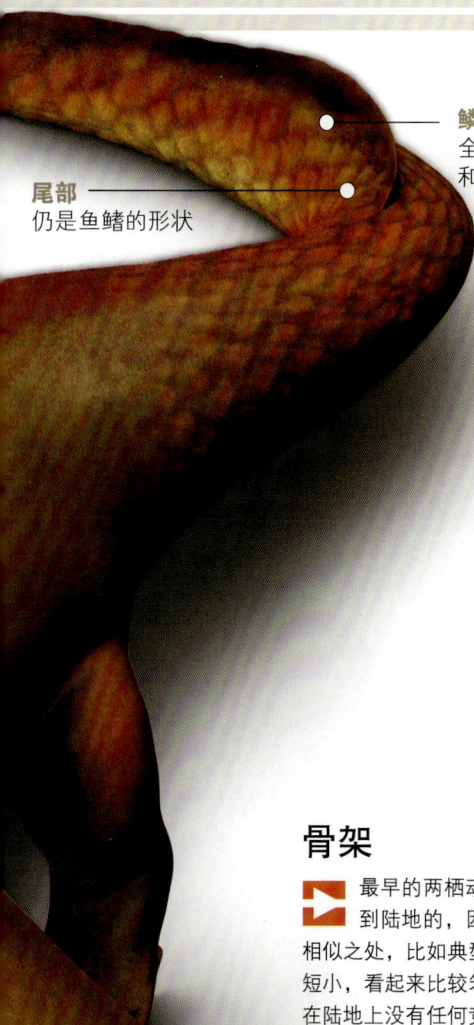

尾部
仍是鱼鳍的形状

棘螈

生活在约3.6亿年前，是世界上最早的两栖动物之一，但它们还未完全适应陆地，主要还是生活在水里。它们像鱼一样有鳃，也可能有肺。它们的腿发育比较完全，但仍不适应在陆地上行走。

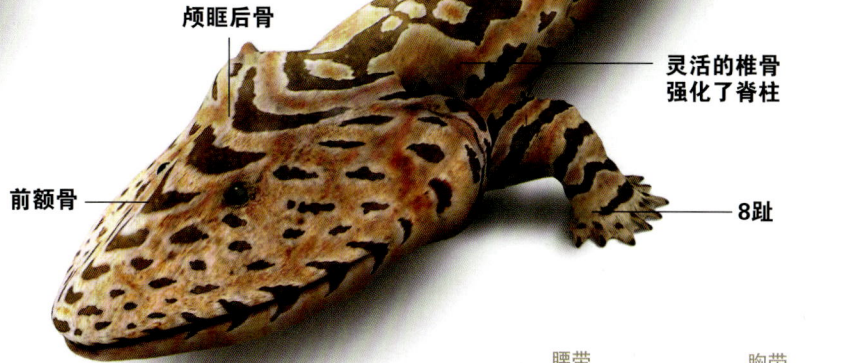

桨状尾

颅眶后骨

灵活的椎骨强化了脊柱

前额骨

8趾

骨架

最早的两栖动物是从水生环境移居到陆地的，因此它们和鱼类有许多相似之处，比如典型的宽尾。它们的四肢短小，看起来比较笨拙。最早的四足动物在陆地上没有任何竞争对手。陆上生存所需要的一切都是由鱼进化而来的。

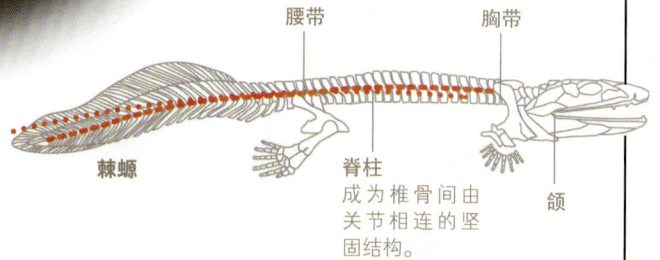

头部
其结构仍然保留着鳃盖骨。

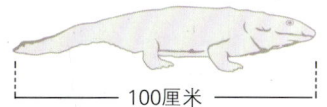

腰带

胸带

棘螈

脊柱
成为椎骨间由关节相连的坚固结构。

颌

脊柱
成为枢椎，支撑整个身体的重量。

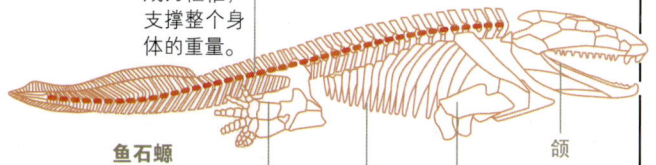

鱼石螈

腰带
与其祖先相比，腰带和胸带加强了。

肋骨

胸带

颌

—— 100厘米 ——

鱼石螈

拉丁学名	*Ichthyostegopsis*
年代	3.6亿年前
地点	格陵兰岛
体长	最长1米

陆地与水之间

正如其名字（两："两种"；栖："栖息"），两栖动物过着两种生活：年幼时，生活在水中；成年后，就离开水到陆地生活。但无论如何，许多两栖动物必须呆在近水区或非常潮湿的地方才能保持湿润。这是因为它们也通过皮肤呼吸，而只有湿润的皮肤才能汲取氧气。成年青蛙和蟾蜍的典型特征是没有尾巴、长长的后肢和鼓起的大眼睛。●

两栖动物的躯体结构

两栖动物的躯体结构有一些奇特之处。诸如蝌蚪等幼体的呼吸系统有鳃。大多数种类是在成年后才长出肺的。它们还有气管、咽和肺泡，虽然有时靠皮肤呼吸比用肺呼吸更为重要。它们的心脏有2个心房和1个心室，而且消化和排泄系统与哺乳动物比较相似。

皮肤

两栖动物靠皮肤呼吸，其皮肤干净、光滑，没有毛发或鳞片。它们必须时刻保持皮肤的湿润，否则很容易干燥。即使有能保持皮肤湿度的黏液腺，两栖动物仍必须生活在潮湿地带。大多数两栖动物的皮肤能保护它们不受捕食者的侵害，而且有毒腺，会分泌难闻甚至是有毒的物质。

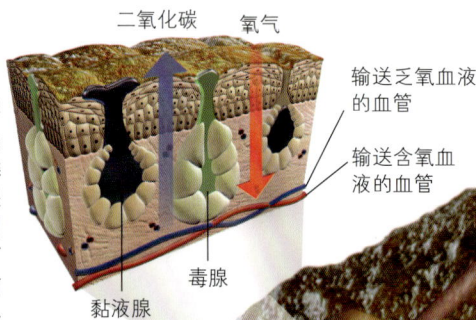

声囊

蟾蜍和青蛙都能歌唱。虽然声音是由声带发出的，但雄性的声音因喉两侧可膨胀的共鸣囊而倍加响亮。

二氧化碳　氧气

输送乏氧血液的血管

输送含氧血液的血管

毒腺

黏液腺

声囊

肺

心脏

肾

胃

肝

后肢
肌肉发达的腿和有5个长趾的足，趾由蹼膜相连，有助于游动。

直肠

膀胱

适应
两栖动物的脚因栖息地而有所不同。

1 跳跃
腿部发达有力、适合跳跃。

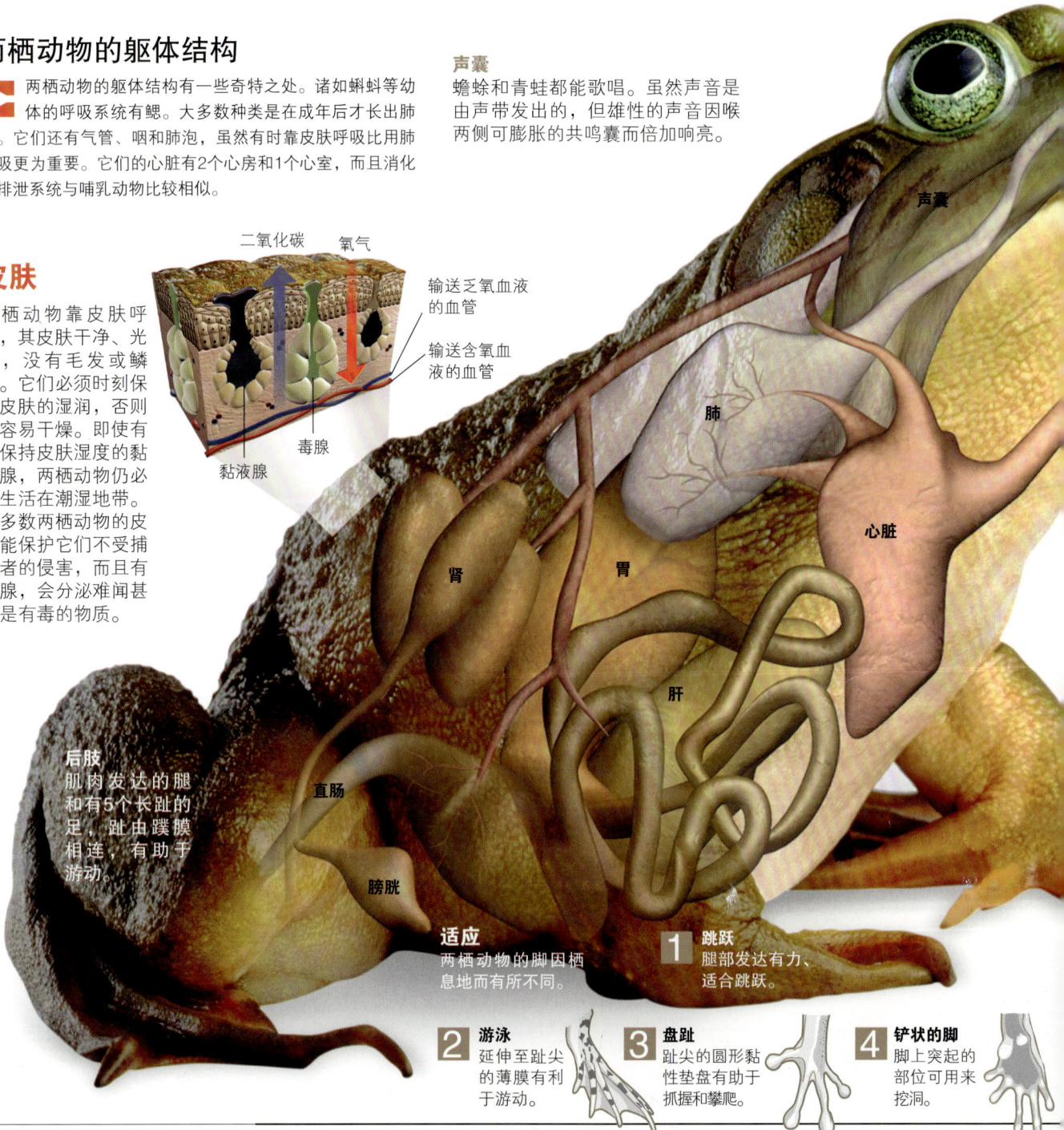

2 游泳
延伸至趾尖的薄膜有利于游动。

3 盘趾
趾尖的圆形黏性垫盘有助于抓握和攀爬。

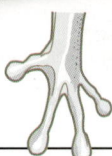

4 铲状的脚
脚上突起的部位可用来挖洞。

青蛙和蟾蜍的区别

人们常常认为青蛙和蟾蜍是两个同义词，或以为青蛙是雌性蟾蜍。其实，青蛙和蟾蜍有众多不同之处。蟾蜍的皮肤有皱纹、腿短小，主要为陆栖。青蛙体型较小、脚有蹼，生活在水中和树上。

皮肤
柔软光滑，颜色鲜艳亮丽。

眼睛
青蛙的瞳孔是水平的。

眼睛
瞳孔通常呈水平状，但有些蟾蜍的瞳孔是竖直的。

皮肤
蟾蜍的皮肤有皱纹、坚硬、粗糙且干燥，可制成皮革。

蟾蜍
（ *Bufo bufo* ）

舌疣非洲树蛙
（ *Hyperolius tuberilinguis* ）

姿态
蟾蜍主要是陆生物种，行动迟缓、体型比青蛙宽。青蛙主要生活在水中，因此有适合游泳的蹼趾。

腿
很长，适合跳跃。青蛙有协助游泳的蹼趾。

腿
比青蛙的腿短且宽，适合行走。

营养

幼体时期依靠植物，成年后的主要食物来源是节肢动物（比如鞘翅目和蜘蛛纲类的昆虫）和其他无脊椎动物，比如蝴蝶幼虫和蚯蚓。

捕食
蟾蜍会把猎物整个吞下。

吞食
蟾蜍闭上眼，把眼睛向内转动时，眼球后退，增加嘴里的压力，迫使食物滑下食道。

两栖动物的类型

两栖动物按尾部和腿部分为三大类。水螈和蝾螈有尾巴，属于有尾目。青蛙和蟾蜍除了在蝌蚪时期外都没有尾巴，属于无尾目。蚓螈既无尾也无腿，形似蠕虫，属于无足目。

欧洲树蛙
温顺，生活在房屋周围。

环纹蚓螈
形似一条大肥虫。

①无尾目
没有尾巴

②无足目
没有腿

腿

青蛙和蟾蜍的前腿各有4趾，后腿各有5趾。水蛙的脚有蹼；树蛙的趾尖有黏盘，能附着在垂直的表面；穴居青蛙的后腿上有茧状突起，叫做瘤，便于挖洞。

虎纹钝口螈
美洲颜色最艳丽的蝾螈之一。

③有尾目
有尾巴

跳远健将

无尾目的两栖动物以跳得又高又远而闻名，比如青蛙和蟾蜍，它们的躯体结构非常适合跳跃。青蛙凭借跳跃能力来逃避许多捕食者，其跳远的距离相当于身体长度的10~44倍。当感觉受到威胁时，它们会选择跳入最近的水中隐藏起来，或是在陆地上跳来跳去迷惑袭击者。●

青蛙

大大的眼睛能够轻松锁定猎物。眼睛外部有眼睑，能阻挡空气中的颗粒物或帮助它在水下视物。青蛙的皮肤光滑，上有腺体能湿润皮肤或是分泌有毒或有刺激性气味的物质。青蛙经由肺和皮肤呼吸。头部两侧有大大的耳鼓，嘴巴宽大，有时有牙齿。

②

捕食

无尾目两栖动物的食物五花八门，包括昆虫和小型无脊椎动物，比如蚯蚓、蜗牛、甲壳类动物和蜘蛛等。蝌蚪则是食草动物。

①

跳跃

在跳跃之前，青蛙会收缩后腿肌肉，把脚抵在地上。跳起时，腿伸直推动身体前进。

明显的隆起

伸直的身体

腿部肌肉
收缩进行跳跃。

后足
有5个蹼趾。

食用蛙
（*Rana esculenta*）
生活在欧洲、美国、加拿大和亚洲

蟾蜍

蟾蜍的许多特征与青蛙类似，但有几个显著的特点。一般而言，蟾蜍体型较大，不那么漂亮，更适应陆地生活。它的皮比青蛙厚，能防止干燥，身上常常布满瘤突。

印度蟾蜍
（*Pedostibes tuberculosus*）

它们是如何捕食的

眼睛
跳跃时，眼睛紧闭。

1 黏住
它的舌尖有黏性，能黏住昆虫。

植物上的昆虫是青蛙的最爱。

2 无路可逃
舌头裹着昆虫卷入嘴内。

前肢
有4趾，不如后肢有力。

3 落下
此时，青蛙会伸展后腿，不仅减少了空气阻力，而且能更顺利地入水。

落下
后腿像箭一样伸直。

跳跃
蟾蜍的体重较重，而且腿部不太灵活，因此跳得不如青蛙远。

后腿进行弹跳。

闭眼以保护眼睛。

用前肢落地。

腾空几厘米。

静止　　启动　　跳跃　　落地

在高处
白唇树蛙（*Litoria infrafrenata*）最长可达10厘米，它们擅长爬山、跳跃和在平地行走。趾尖的垫状趾肉能附着在许多类型的表面上。

脚趾有黏性粘膜。

白唇树蛙
（*Litoria infrafrenata*）

脊柱
椎骨数量少，跳跃时能保持弹性。

9根椎骨
除此以外，还有1根尾杆骨——由尾椎骨愈合而成的圆柱形骨头。

腿
适合跳跃和游动。

非洲青蛙的跳跃距离可达

5.35米。

潜水
身体入水时向上弯曲。

深度拥抱

两栖动物通常在水中繁殖，因为大多数雌性是在水中产卵的，但有些种类也能在陆上产卵。最佳的繁殖时间是在春季，雄性会大声歌唱宣示自己的存在。交配或抱合时，雄性在雌性上方为排出的卵授精。之后，胶质层吸收水分并随之扩大，使卵聚结在一起。●

一首浪漫的歌曲
雄性会歌唱吸引雌性进行交配。

抱合

大多数两栖动物是体外受精。在这个危险的过程中，雄性会拥抱雌性，排出精子，而雌性则排出卵细胞。为了确保繁殖成功，雄性和雌性必须排出大量精子和卵细胞。抱合的过程可持续23~45分钟。

婚垫
雄性借助婚垫抱住雌性。

4根圆柱形足趾

雄蛙的前肢

7厘米

雌性的体型大于雄性。

体重
50~100克

伊比利亚池蛙
（*Rana perezi*）

饮食习惯	肉食
繁殖方式	卵生
繁殖季节	春季

有些无尾目动物可产卵

20 000个。

雌蛙的前足

雌性体内的卵

生命周期

生命周期的3个阶段是：蛙卵、幼蛙和成蛙。胚胎在卵中发育；6或9天后，蛙卵开始孵化，生出带有球状头、大尾巴和鳃的小蝌蚪。一旦它的鳃的功能由肺取代，其尾部就会萎缩直至消失，幼小的青蛙由此进入了成年期。

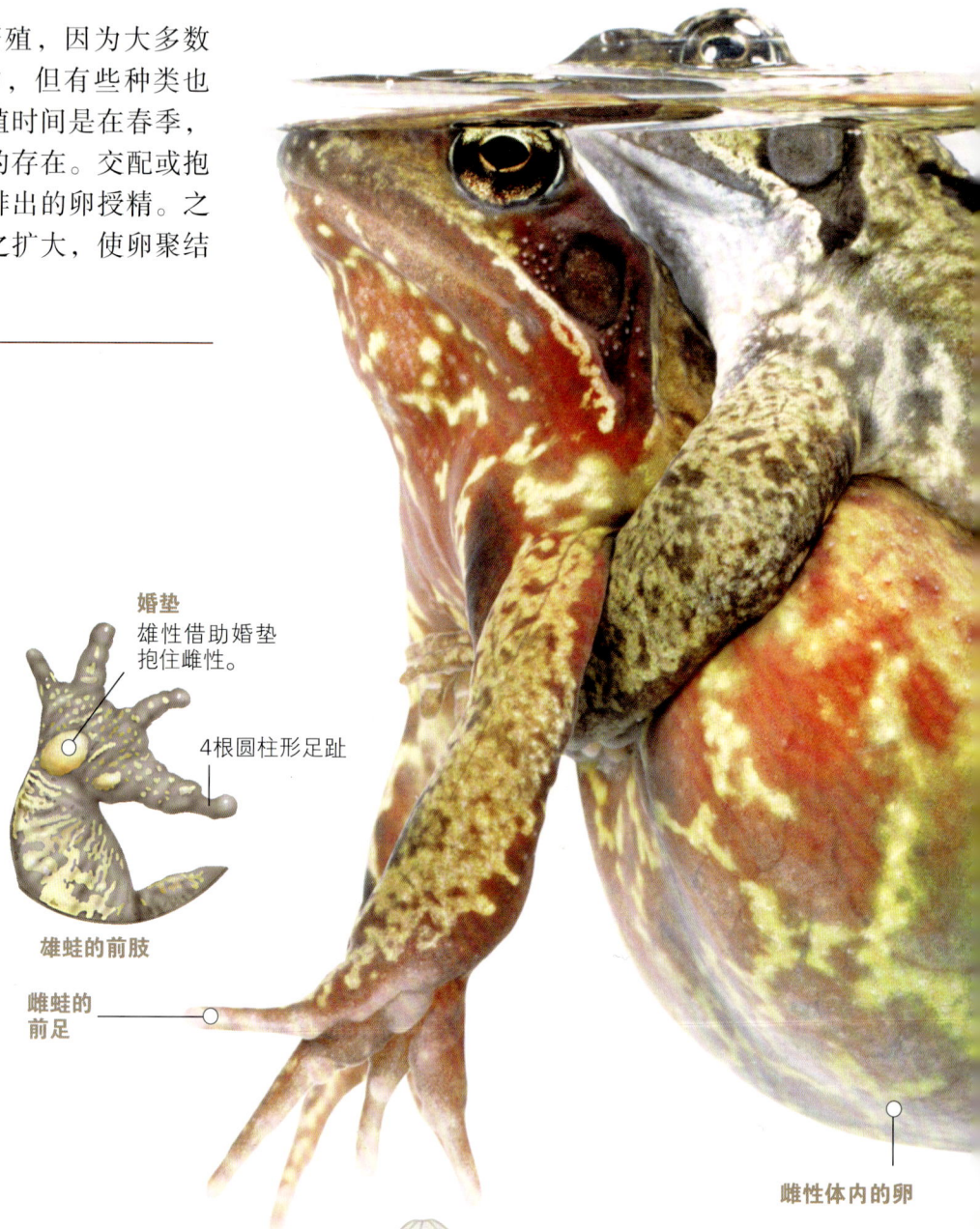

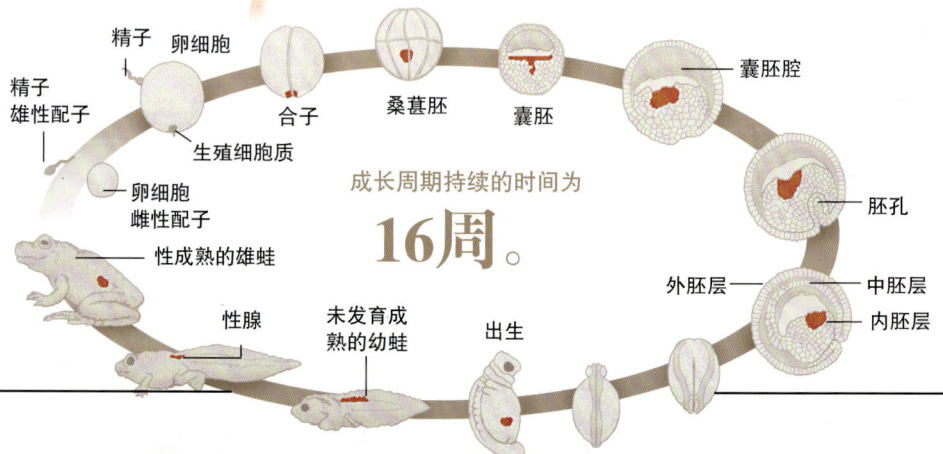

精子
精子
雄性配子

卵细胞

合子

桑葚胚

囊胚

囊胚腔

生殖细胞质

卵细胞
雌性配子

成长周期持续的时间为

16周。

性成熟的雄蛙

性腺

未发育成熟的幼蛙

出生

胚孔

外胚层

中胚层

内胚层

负责任的亲蛙

一些雄性青蛙和蟾蜍会积极地保护雌性产下的卵，不仅把卵收集起来，而且还协助雌性。有些雄性甚至和雌性一起孵卵，直到蝌蚪出生。

欧洲产婆蟾
（*Alytes obstetricans*）
雄性会把雌性产下的成串的卵缠绕起来，堆放在后腿上，孵化1个月，为它们提供一个潮湿的环境，然后把它们放入水中，这样孵化出来的幼蛙可以游走。

35~60
这是蟾蜍的背上可承载的卵的数量。

卵内部

蝌蚪在水中出生。

雄性
抱住雌性排出精子。

负子蟾
（*pipa pipa*）
雌性在产卵时会转圈，每次产1个卵。之后雄性把卵放在雌性的背上，隐藏在其隆起的皮肤下面直到孵化。

幼蛙与亲蛙非常相似。

孵卵

生出蝌蚪

雌性
产出一串卵。

蝌蚪汲取氧气

后足

变 态

变 态是无尾目（有尾目两栖动物和蚓螈也有类似现象）从卵到成年阶段所需经历的转变。从卵中孵化出来时，两栖动物呈幼体的形态。随后它们的躯体结构、饮食习惯和生活方式发生了非常重要的变化，逐渐从第一阶段——也就是水生动物——转变成能适应陆地生活的动物。●

1 幼体

3天
幼体头大、身长，有鳃和张开的嘴，可以觅食。

外鳃
孵化3天后，蝌蚪开始长鳃。

策略

由于没有充足的水体（或没有繁殖所需要的充足水体），许多青蛙和蟾蜍会聚集在一起形成大型繁殖群体。而成群的卵能更好地留存热量，减少蝌蚪的孵化时间。很多时候，青蛙和蟾蜍会使用在每年特定时候干涸的湖泊和河床，这样就能阻止其他动物来吞食蛙卵和蝌蚪。

凝胶状胶囊

每个卵都包裹在一个凝胶状或果冻状的胶囊里，一旦接触水，它就会膨胀变大来保护胚胎。

内鳃

2 鳃

4周
外鳃由一层表皮覆盖，被内鳃取代。蝌蚪以海藻为食。

后肢
后肢长出时类似小芽体。

长尾巴

后肢

3 小青蛙

6周
蝌蚪慢慢变成长着长尾巴的小青蛙，它们在岸边成群游动。

前肢

尾巴被吸收了
（锁骨愈合在一起）形状像飞镖。

周　期

变态
普通的欧洲青蛙从卵到发育至成年需要近16周。

母蛙和卵

尽管无尾目两栖动物的生存本能没有发育完全，青蛙和蟾蜍却以某种方式照顾着自己的后代。大量产卵能确保许多蝌蚪从以卵为食的捕食者口中逃生。胶质层也能保护蛙卵不受其他捕食者的侵害。一些蛙类甚至把蝌蚪养育在自己背上来加以照料，负子蟾就是如此。

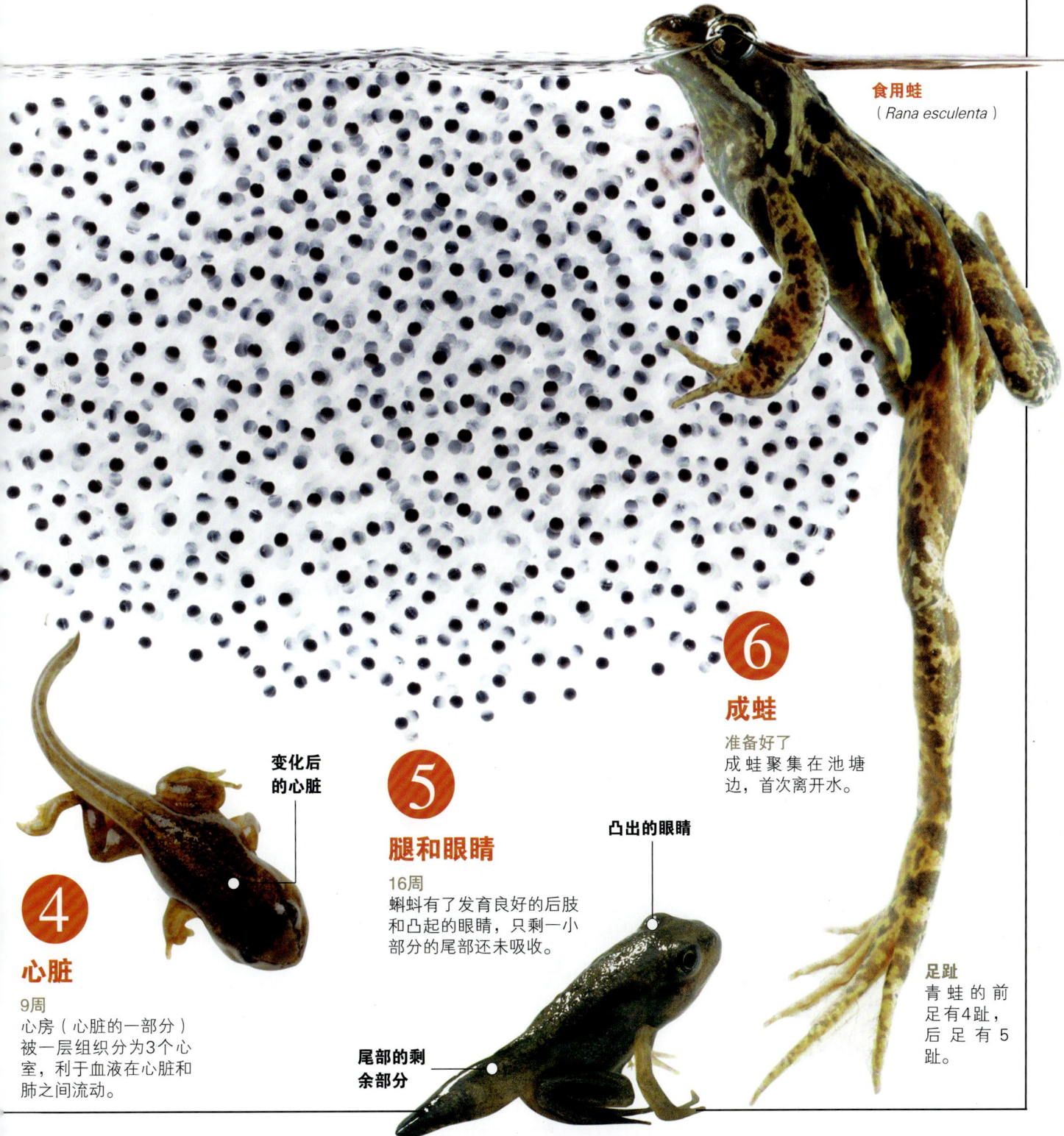

食用蛙
（*Rana esculenta*）

6

成蛙
准备好了
成蛙聚集在池塘边，首次离开水。

变化后的心脏

5

腿和眼睛
16周
蝌蚪有了发育良好的后肢和凸起的眼睛，只剩一小部分的尾部还未吸收。

凸出的眼睛

4

心脏
9周
心房（心脏的一部分）被一层组织分为3个心室，利于血液在心脏和肺之间流动。

尾部的剩余部分

足趾
青蛙的前足有4趾，后足有5趾。

颜色之毒

发光的不一定都是金子，也不一定是有益的。一些两栖动物的皮肤有分泌毒液的腺体。颜色则是一种警告，能驱赶潜在的袭击者，同时在交配季节保护领地的安全。世界上最危险的青蛙是中美洲和南美洲的箭毒蛙和马达加斯加的曼蛙。它们体型小、喜欢群居，在白天活动，有时会生活在树上。●

警告色带

毒镖
哥伦比亚的乔科族印第安人会在吹管的飞镖上淬毒用于捕猎。他们通过把活生生的青蛙放在火上烤来提取毒素。金色箭毒蛙是一种黄色的青蛙，生性剧毒，只要把飞镖在它的背上擦一擦，就能染上毒素。

1 **蝌蚪**
在此阶段还未具有毒素。

世界上约

3 600种

两栖动物是有毒的。

2 **有腿的蝌蚪**
颜色明显时，毒性可致命。

腺体
腺体与青蛙的腺体机能一样，皮肤上有分泌毒素的腺体。

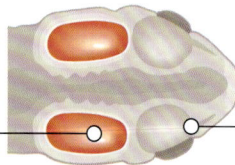

腺体
腺体位于头部两侧，眼睛的后方。

眼睛

无尾

强有力的后腿

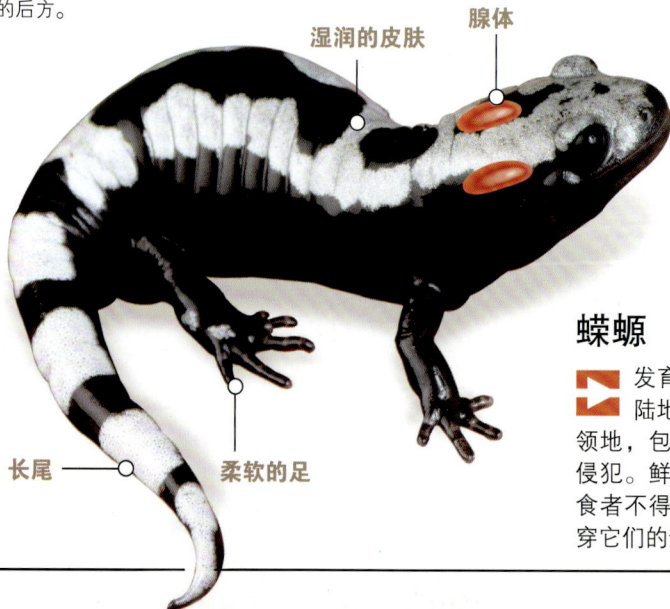

3 **成年蛙**
颜色鲜明亮丽。

湿润的皮肤

腺体

云石蝾螈
（*Ambystoma opacum*）
这类蝾螈长7~12厘米。身体底色为黑色，有银色条纹，看起来像大理石，因此得名。

有毒的蝌蚪
毒镖蛙，或称箭毒蛙，有时会把蝌蚪一只一只地带到独立的小池塘中（有时在树洞里）进行养育。在这里，蝌蚪的皮肤开始变色，也带有了毒素。一旦感觉受到威胁，它们的背上就会分泌毒液。

长尾

柔软的足

蝾螈
发育完成后，蝾螈完全过着陆地生活。它们保卫自己的领地，包括洞穴周围的空间不受侵犯。鲜艳的颜色警告可能的捕食者不得轻举妄动。两排毒腺贯穿它们的全身。

毒腺

眼睛凸出

青蛙和曼蛙

所有箭毒蛙的分泌物均有毒，但只有少数会毒死人。最重要的毒素是蟾毒素、矢毒蛙生物碱、新热带蟾毒素和桥尾蛙毒素。蛙毒素影响身体的神经平衡，会导致心律失常、纤维性心室颤动和心搏停止。而矢毒蛙生物碱则会造成肌肉运动困难、四肢局部麻痹、唾液过量分泌、抽搐，最后死亡。这些两栖动物是从食物中获取毒素的：某些千足虫和鞘翅目昆虫以及蚂蚁。如果毒蛙吃了以合成生物碱的植物为食的昆虫，毒性就会增加。

迷彩箭毒蛙
（*Dendrobates auratus*）
身体布满斑点，颜色斑斓。

凸起的眼睛

皮肤
色彩鲜艳、湿润，当青蛙感觉受到威胁时，皮肤会分泌毒素。

黄带箭毒蛙
（*Dendrobates leucomelas*）

栖息地	南美
生存现状	分布广泛，种群稳定
大小	1~5厘米

哥斯达黎加变异小丑蟾蜍
（*Atelopus varius*）
通常呈红色斑纹。

足趾有吸垫

致命性

在这些青蛙体内发现了大约100多种能够致人死亡的毒素。

柔软的足

橙色的头部

蝌蚪
被负在背上

微小的致命武器
金色箭毒蛙是地球上毒性最强的动物之一，它身上储存的毒素能杀死10个人。

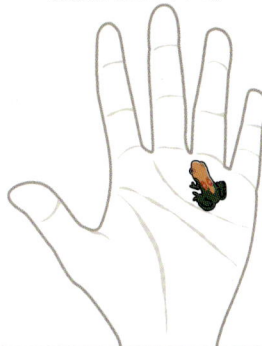

钴蓝箭毒蛙
（*Dendrobates bazureus*）
体色为鲜艳的蓝色。

红背箭毒蛙
（*Dendrobates reticulatus*）

有毒的颜色
在大自然中，鲜艳夺目的颜色往往是对捕食者的一种警告。因此，在交配季节，青蛙会用体色保护自己的领地不被其他的雄性青蛙侵占。

美西钝口螈

这 种肥硕的两栖动物是性早熟的典型代表——无需完全发育成成体就能繁殖。美西钝口螈的尾部扁平、外鳃巨大，而大多数蝾螈发育成熟且开始在陆地生活后，外鳃就会退化。美西钝口螈大多在夜间活动，主要以无脊椎动物为食。当然它们也可能成为水生鸟类的猎物。美西钝口螈曾被视为美味佳肴，但现在已经受到法律保护。●

美西钝口螈
（*Ambystoma mexicanum*）

栖息地	墨西哥（霍奇米尔科湖）
习性	主要是水生
体长	25~30厘米
寿命	25年

30厘米　　体重0.7千克

霍奇米尔科湖
是地球上唯一有野生美西钝口螈的地方。

经度 99°

孙潘戈湖

纬度 19°30′

特诺奇提特兰

德斯科科湖

霍奇米尔科湖

泽尔高湖

童体型

▶ 这种动物最显著的特征之一就是性早熟——即在幼体阶段就达到性成熟，从未经历过变态。性早熟产生的原因是由于甲状腺功能不畅而导致的甲状腺素不足或完全缺失。在实验条件下，可以对美西钝口螈注射碘来刺激甲状腺素的生成。

30厘米

成年的美西钝口螈体长25~30厘米。

生命周期

▶ 雌性会产下大量的卵。卵的孵化时间主要取决于温度。在16℃左右时，孵化平均需要19天。6个月大时，它们会在水中非常灵活地游动。1年后达到性成熟，2~3年后长成成体，但仍保留幼体阶段的某些结构和生理特征。

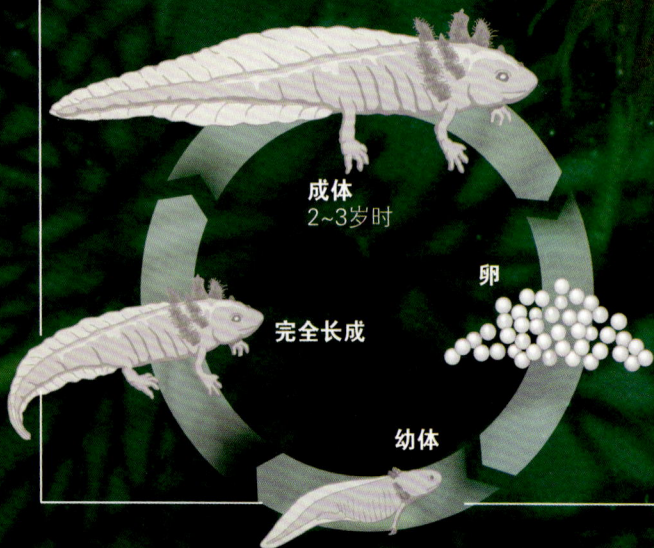

成体
2~3岁时

卵

完全长成

幼体

再生

美西钝口螈的另一个特质是它的四肢及身体的其他部位能够再生，包括头部的一些部位。再生是通过受害部位的干细胞的繁殖实现的。这些细胞不断分裂繁殖以取代缺失的组织。有趣的是，有尾目的其他两栖动物也有再生的能力。

神话

在阿兹特克的神话中，美西钝口螈（axolotl，atl的意思是"水"，xolotl的意思是"怪物"）是同名男神索洛托（Xólotl）的水中形态。索洛托畏惧死神，拒绝接受死亡的事实，希望运用自己变幻的能力来逃避死亡。据说，为了逃避死亡，他跑到水边，变成了一条鱼。但这是他最后一次变化，因为死神最终找到了他，并把他杀死了。

外鳃
大多数蝾螈发育成熟且开始在陆地生活后，外鳃就会退化。

颜色
常常为深棕色，带有白斑。在养殖或自然环境中，有些蝾螈会呈白化体，鳃呈红色或灰色。

皮肤
与蝾螈和其他经历过变态的两栖动物不同，美西钝口螈不蜕皮。

四肢
四肢细弱。如果为白化体，通过它薄薄的、透明的皮肤能看到骨头。美西钝口螈的前足各有4趾，后足各有5趾。

非常奇特的尾巴

蝾螈是有尾目动物，只有在潮湿的环境中才能生存。它们生活的区域非常有限，而且对自然环境的变化高度敏感。与青蛙和蟾蜍不同，蝾螈成年后仍保留有尾部，占身体长度的近一半。蝾螈，特别是成年蝾螈只在夜间活动。它们在地面上缓慢地行走或爬行，白天则躲在洞穴中和树干上。●

火蝾螈

（ *Salamandra Salamandra* ）

栖息地	欧洲
目	有尾目
科	蝾螈科

18~28厘米

繁殖期可能出现在春天，因栖息地及种类的不同而有所不同。

湿度
是透过皮肤呼吸所必需的。

身体结构

蝾螈头部窄小，嘴和眼睛比青蛙和蟾蜍的小，但身体却更长，足的大小和长度则相差不多。它们行走缓慢，从不会快速移动。四肢与身体成合适的角度。

头部
蝾螈的头部骨骼是软骨组织而不是骨质结构，所以比青蛙和蟾蜍的头部小。

皮肤
背部和体侧的皮肤光滑、有光泽。喉部和腹部皮肤的黄色斑点颜色较暗，数量也较少。

尾巴
蝾螈有尾巴，而青蛙和蟾蜍在成年后尾巴就退化了。

身体
较长，有16~22块胸椎，每块胸椎有1对肋骨。

前足
蝾螈的2个前足各有4趾。行进时，它会把脚趾抵在地上推动身体向前。

眼睛
大而凸出，虹膜为深棕色。

舌尖

舌内肌收缩

舌头外伸的部分

收缩肌

饮食习惯

由于舌头较长，蝾螈能够快速捕捉猎物，并迅速将其吞下。这些食肉动物主要依靠视觉和嗅觉来捕猎。它们不喜欢活动，因此所需的食物相对较少。如果获取的食物太多，它们会将食物储存成脂肪。

意大利蝾螈

生命周期

生命周期分为三个阶段：卵、幼体和成体。卵的大小因种类的不同而有差异。幼体有羽状外鳃。蝾螈的变态一直持续到成年，此时鳃已退化，改为用肺呼吸。

防御

意大利畸趾四趾蝾螈有两种方式躲避敌人，装死或是向前卷起尾巴。其他种类通过腺体分泌的有毒物质或自断尾巴保护自己。由于断尾能继续向前移动，因此会迷惑捕食者。

1 卵
孵化成幼体。

某些蝾螈的寿命为
55年。

2 出生
幼体出生时有羽状外鳃。

3 成体
变态完成，达到性成熟。

变化
身体变得更长；开始依靠皮肤和肺呼吸。

幼体
开始变态；鳃逐渐退化，改为用肺呼吸。

阿尔卑斯巨蝾
(Salamandra lanzai)

38个月
妊娠期

这是所有动物中最长的妊娠期，甚至比大象的还要长。

水　螈

水螈又称水栖蝾螈。蝾螈是最原始的陆生脊椎动物。在三大幸存的原始两栖动物中，蝾螈同所有两栖动物的祖先最为相像。水螈也是一种蝾螈，以其较为粗糙的皮肤以及成年后的全部或部分时段依然返回水中栖居而著称，它们的某些习性也更为复杂多样。与青蛙和蟾蜍不同，水螈和蝾螈成年后仍然保留尾部。它们生活在北半球的温带地区。●

求偶和繁殖

◤ 求偶和交配时雄性和雌性都会大胆展示自己。雄性会寻找同一物种的雌性，并把精包排在地面上或池塘里。水螈是体内受精，因此雌性会把精包纳入自己的泄殖腔中。

1 舞蹈
雌性依靠自己充满卵的腹部吸引雄性，而雄性则凭借鲜艳的颜色及背部和尾部灵活的冠吸引雌性。

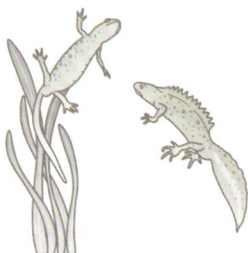

2 展示
雄性会游在雌性前方，展示着自己绚丽的颜色。它会竖起背部锯齿状的冠，并拍打尾部，同时从泄殖腔腺排出分泌物。

3 交好
雄性排出精包后会用体侧轻轻推动雌性，引导它找到精包。雌性随后会把精包纳入自己的泄殖腔内。

卵 ——

4 产卵
卵受精后，雌性会找一个地方把它们存放起来，将它们附着在水下的植被或岩石上。

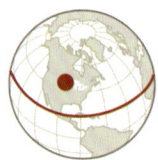

水螈

栖息地	北半球
种类的数量	逾50种
科目	有尾目

水螈的种类

◤ 两栖动物根据尾部和腿部的不同分为三大类。水螈和蝾螈有尾巴，属于有尾目，有些会分泌有毒物质来保护自己。它们的体型非常小，最大的水螈也不过15厘米长。

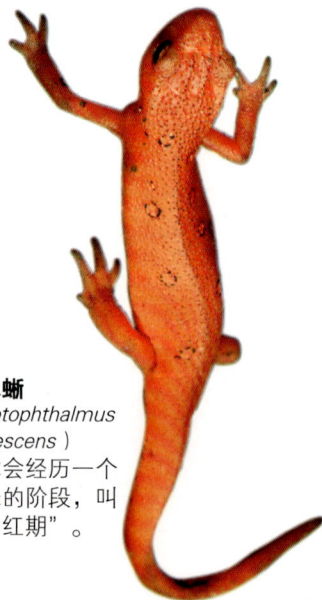

赤水蜥
（*Notophthalmus viridescens*）
幼体会经历一个特殊的阶段，叫做"红期"。

前足
水螈的前足各有4趾。

冠北螈
（*Triturus cristatus*）
1年中有3~5个月的时间呆在水里。

雄性有冠，而雌性只在背部有一条黄带。

防御
一些水螈非常危险，因为它们在受到袭击时会发射有毒物质。其中一种是加利福尼亚水栖蝾螈。它的颜色绚丽，能起到警示捕食者的作用。

水螈的躯体结构

和蝾螈不同，水螈的体侧没有沟。成体长8~10厘米，尾部发育良好。有四肢，前足各有4趾，后足各有4或5趾。它们的另一个奇特之处是上颌和下颌都有牙齿。头部和眼睛较小，嗅觉是它们寻找食物和进行社交的最重要的器官。

掌欧螈
（*Triturus Helveticus*）
长9厘米，腹部苍白。

尾部
水螈成年后仍保留尾部。

捕食

和蝾螈类似，这些小动物常常在夜间活动。最小的水螈以小型无脊椎动物为食，而较大的水螈则能捕食鱼类、两栖动物和卵。

后足
雄性的后足有蹼，雌性则没有。

腹部
白色或苍白的腹部是这一物种的鲜明特征之一。

雄性的冠

水螈和水

作为半水生生物，水螈在交配季节回到水中。它们生活在北美、欧洲、亚洲大陆以及日本。它们适应各种环境，除了在水中生活外，还可以爬树和在地上挖洞。

斑纹蝾螈
（*Triturus marmoratus*）
无论是幼年还是成年都生活在水中。

普通欧螈
（*Triturus vulgaris*）
颜色最鲜艳。

人、鱼和两栖动物

由于面临捕捞、栖息地消失和养殖物种入侵的威胁，许多鱼类和两栖动物的未来都充满了不确定性。而在其他地区，酸雨也影响着生活在湖泊、河流和海洋中的野生动物，尤其是鱼类，因为它们对水中的化学物质特别敏感。世界上1/3的两栖动物物种（超过5 000种的青蛙、

蟾蜍、蝾螈和蚓螈）正濒临灭绝。虽然专家们认定栖息地的消失是致使其灭绝的罪魁祸首，但是一个鲜为人知的侵略者——一种近期发现的由壶菌导致的疾病——却可能成为两栖动物最致命的杀手。本章中介绍的更多类似的事实和数字会让你大吃一惊。●

神话和传说

神、半神半人、被诅咒的王子和宗教符号，在神话中，鱼和两栖动物象征着大自然强大而神秘的力量。由于它们生活在水中，人们常常把这些表皮光滑的生物与"原初之水"联系在一起。因此，它们象征着生命的起源和复活。我们从古代的文献、艺术品和壁画中了解到，在历史上，许多此类的生物都代表着超自然的力量和吉祥如意。●

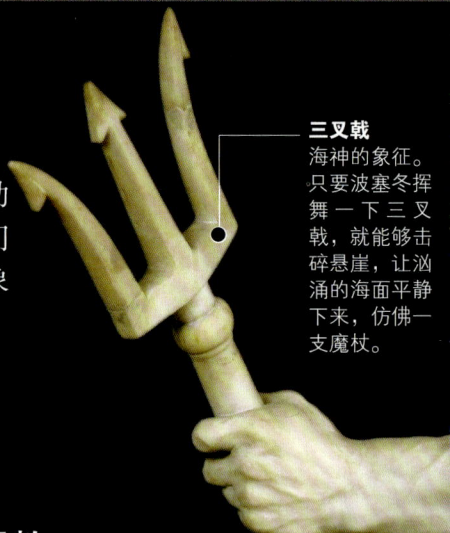

三叉戟
海神的象征。只要波塞冬挥舞一下三叉戟，就能够击碎悬崖，让汹涌的海面平静下来，仿佛一支魔杖。

基督教

鱼是早期基督徒使用的最重要的符号之一，这可能是因为面包和鱼的数量奇迹般地丰富起来，又或是受到了耶稣复活后其七位信徒在加利利海边所分享的食物的启发。但鱼符号的普及似乎是起源于希腊语中组成"鱼"这个词"ichthys"的5个字母，这5个字母分别是5个希腊词语的首字母，它们简要概括了耶稣的性格以及基督徒们对他的信仰：耶稣基督、上帝之子、救世主。据说早期的基督徒会在沙地上画两条弯曲的线，交叉组成鱼的形状。锚因为形似十字架，也被用作宗教符号。

浮雕上的鱼
浮雕鱼的壁画，早期基督徒符号的一个样本。

美洲

在安第斯人的传统中，challwa是盖丘亚语里"鱼"的意思。在混沌之初，海里是没有鱼的，因为所有的鱼都属于Hurpayhuachac女神。她把它们养在自己家里的一口小井中。男神Cuniraya Viracocha正在追求她的一个女儿。有一次，他被女神气得暴跳如雷，就把她的鱼全部扔到了海里。从那时起，海里便有了鱼，人类也有了新的食物来源。有一些鱼仍保留着圣物的地位，比如黄金鮭。有农民称曾在秘鲁伊卡的奥罗维尔湖看到黄金鮭。在中美洲，玛雅文化的《创世之书》里有关于蟾蜍的记载。而美西钝口螈的名字来源于男神索洛托（纳瓦特尔语中"魔鬼"的意思），他的脚是倒长的。

早期基督教
阿奎莱亚主教堂拼花地板上的鱼形图案细部。

荷罗托
这是那瓦特人对羽蛇神的兄弟的称谓。按照古玛雅人的说法，美西钝口螈这种产自墨西哥的两栖动物，正是这个神的原形。

希腊

▶ 希腊的海神代表着大自然最基础的力量。希腊人以创造了许多神话而闻名于世，比如波塞冬（罗马神话中的尼普顿），他是宙斯的兄弟，克洛诺斯和瑞亚的儿子。波塞冬不仅有驾驭海浪的能力，而且还能够发起风暴，击碎悬崖，让泉水涌出地面。这位大海的主宰常常以手持捕鱼用的三叉戟、脚登双轮战车、被许多鱼和海洋动物簇拥着的形象出现。他的儿子，人身鱼尾的特赖登能够通过吹奏海螺壳来控制海浪。其他居住在海里的生物还有身上布满鱼鳞的海中女神涅瑞伊得斯和专门诱惑凡人的美人鱼。

埃及

▶ 埃及的生命与尼罗河息息相关，它被认为是生命的起源，是古埃及文明存在的唯一基础。尼罗河能确保每年粮食丰收，并为许多小动物提供了栖息地，比如青蛙和蛇。在神话中，赫努姆和纳乌奈特两位神代表着原初之水。

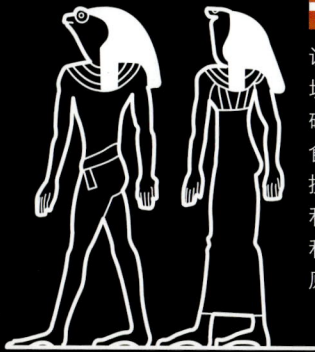

中国

▶ 在中国的神话中，人面蛇身的伏羲女娲夫妇在公元前3222年的一场大洪水后创立了中华文明。伏羲还被视为易经的创始人。

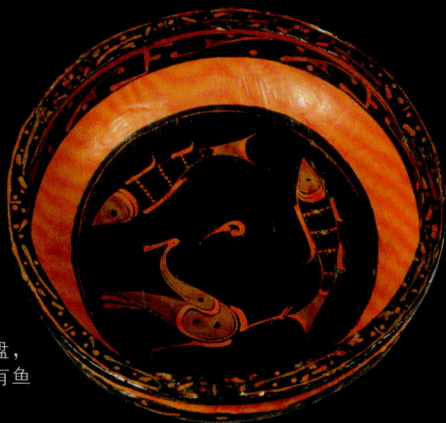

中国
秦代漆盘，上面绘有鱼形图案。

青蛙王子

▶ 在历史上，蟾蜍常常是丑陋的代名词。有一个民间故事讲述的是一位青蛙王子如何最终变回人形的故事。有一天，一位公主因被这只青蛙所做的牺牲深深打动而亲吻了它，解除了青蛙身上的诅咒。于是青蛙变回了原来的模样——一位英俊的白马王子。

希腊
巴黎卢浮宫中的大理石雕塑，描绘的是希腊海神波塞冬（尼普顿）平息海浪的画面。

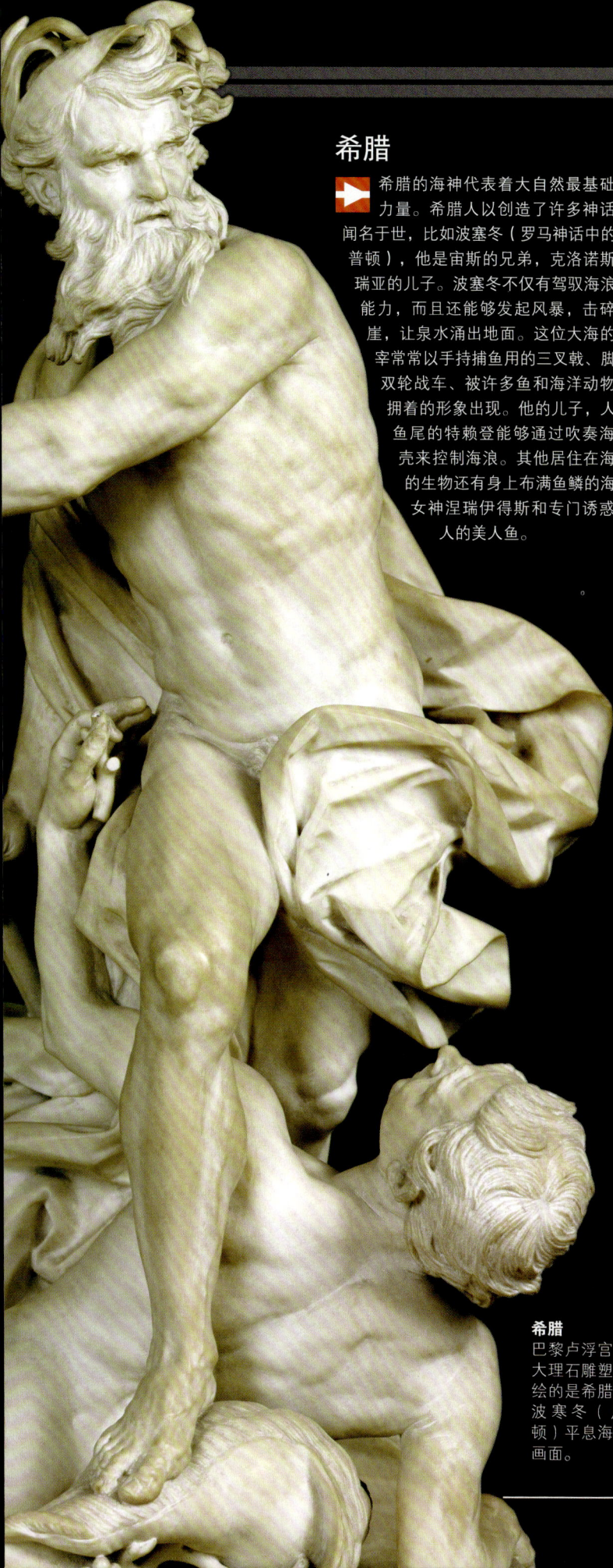

大规模捕捞

人类对鱼类和贝类的需求造成了高效捕鱼船和捕鱼技术的大量普及，但是却给这些资源和环境带来了严重破坏。每年都会有30多万只鲸鱼、海豚和鼠海豚因渔网捕捞而死去。现在许多物种面临的最大威胁就是陷入鱼网。●

传统的捕捞

传统的捕捞是一种应用广泛的小规模活动，由渔民选择不同的捕鱼技术进行。用这种方法捕捞鱼和贝类主要依靠鱼叉、手编网、钓竿和渔栅。选用的渔船包括独木舟和小汽艇。

当地的渔船

在水面捕鱼，捕来的鱼通常在周围地区贩卖。

渔业最高的收入纪录为

715亿美元。

海藻的供应

海藻不仅可以采集来作为食物或肥料，还能用来制做生产冰淇淋和牙膏所需的植物明胶。

石沪

退潮时能困住成群的小鱼。

耙挖鸟蛤

潮位较低时可以耙挖沙子收获鸟蛤和其他贝类。

网状陷阱

这是一系列一端有圆柱体的椎形网，能捕捉顺流游动的鱼类。

商业物种

在已知的2万种鱼中，只有300种是商业捕捞偏好的对象，其中6种占到捕捞数量的一半。

10米

鲱鱼

沙丁鱼

金枪鱼

鲭鱼

鳀鱼

鳕鱼

商业捕捞

商业捕捞船运用先进的技术探测鱼群并使用3种巨大的渔网：金属丝网、拖网和地拉网。非食用型鱼类也成为商业捕捞的对象。

拖拉大围网或围网

将渔网挂在浮标上，绕着鱼群拉成一个圆圈后，从底部包抄。这类鱼网适合捕捞在水面活动的鱼类，比如金枪鱼和沙丁鱼。

拖网

由圆锥形的网身和收获鱼的网囊组成。这类鱼网由1或2条船操纵。

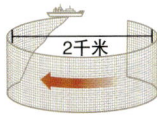

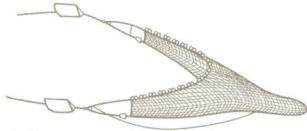

过度捕捞

渔业是世界上重要的食物来源和就业途径，为世界人口提供了16%的动物蛋白质。然而，环境污染、气候变化和不负责任的捕鱼作业给地球上的海洋资源造成了巨大损失。

已灭绝或处在恢复中的物种数量所占的比例为

10%。

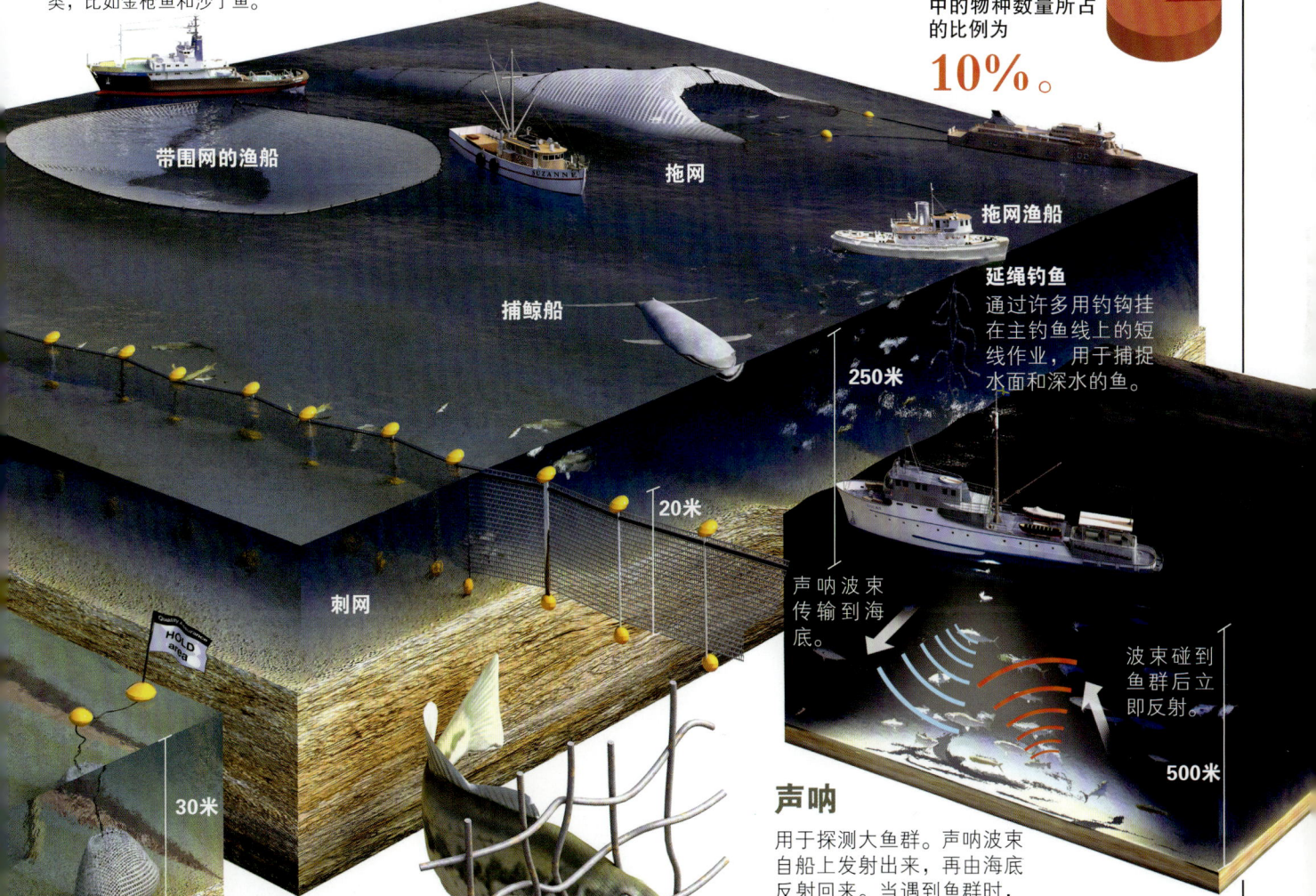

带围网的渔船

拖网

拖网渔船

捕鲸船

延绳钓鱼

通过许多用钓钩挂在主钓鱼线上的短线作业，用于捕捉水面和深水的鱼。

250米

20米

刺网

声呐波束传输到海底。

波束碰到鱼群后立即反射。

500米

30米

声呐

用于探测大鱼群。声呐波束自船上发射出来，再由海底反射回来。当遇到鱼群时，会反射得更快。

刺网

像帘子一样悬挂在海洋表层水体中，跟着潮水的节奏摆动。除了捕鱼外，它们还会吸引和捕捉到许多其他的海洋哺乳动物和水生鸟类，使其丧生。

袋网

用于捕捉龙虾、贝类和鱼。开口处的设计使动物进网容易出网难。

强大的生产者

渔业是世界上重要的食物来源和就业途径。下面图表中的数字以百万美元计。

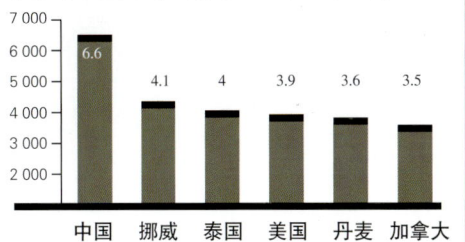

	中国	挪威	泰国	美国	丹麦	加拿大
	6.6	4.1	4	3.9	3.6	3.5

假饵、蝇饵和鱼饵

瞄准、观察、撒饵、捕捞。人类和鱼一直在进行面对面的肉搏战。每个渔民都是一名猎手，而了解猎物正是成功的基础。为了捕鱼，必须了解鱼的习性和喜好，而选用何种捕鱼方法则取决于地点、鱼的种类和手头可用的资源。无论是用蝇饵垂钓还是采用尖端技术（比如捕捉金枪鱼）都是如此。选择合适的饵量来诱惑鱼（无论是真饵还是人造饵）是另一个重要的选择，关键是知道选用哪种鱼饵以及如何撒饵。●

如何找到鱼

了解鱼的呼吸方式便能较快找到它们。北极红点鲑、鲑鱼和大多数鳟鱼需要氧气充足的水域。它们往往生活在特定海拔的寒冷河水中，水质清澈、干净。

脂鳍，是鲑科特有的。

淡 水

大多数垂钓在淡水里进行。

尾部有许多斑点，因此可以轻易区分虹鳟和普通鳟鱼。

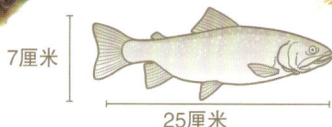

野生品种的体型比养殖的薄。

7厘米

25厘米

虹鳟

（ *Oncorhynchus mykiss* ）
虹鳟是最受欢迎的垂钓品种。它们看似行动敏捷、身型优雅，会袭击任何类似食物的东西。

用钓钩钓鱼

钓钩系在和钓鱼杆相连的线上，在钓钩上挂上一块食物诱惑鱼上钩，当鱼咬上食物时，就会被钓钩钩住。

2 行动
鱼已经看到蝇饵，正向它游来，当它咬住蝇饵时，必须迅速收紧钓鱼线。

它的尾部呈方形，有明显分叉。

有白边的鳍是这种鱼的特征。

迷彩服能避免惊吓到鱼。

钓鱼者穿上高筒防水胶靴后可以进到水中，进行关键的抛饵。

3 挣扎
咬住鱼饵后，鳟鱼会高速下潜和"弹跳"挣扎。

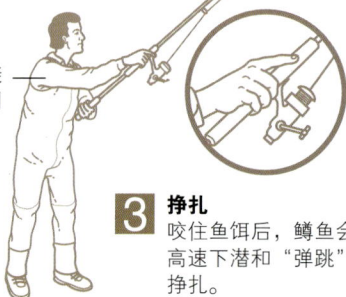

1 抛饵
一旦锁定鱼，只要尝试一两次，它就会产生怀疑。

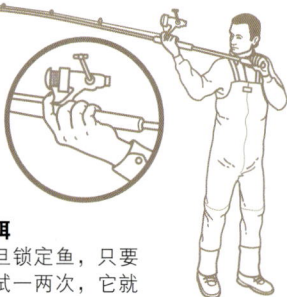

18千克

鳟鱼的大小不一，从100克到18千克不等。

它们能**听到**诱饵

钓鱼是否成功取决于诱饵的形状和声音。

虹鳟最显著的特征就是鳃盖骨上有红色斑点。

钓鱼技巧

钓鱼时需带上蝇饵、钓钩、鱼饵和假饵。每种适合垂钓的鱼类的习性都不同，因此需要制定专门的策略。

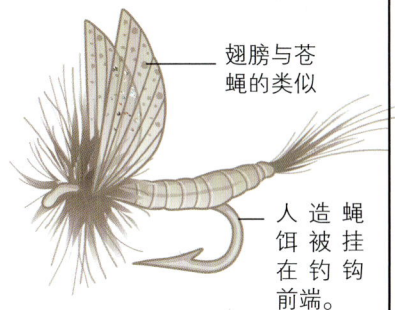

翅膀与苍蝇的类似

人造蝇饵被挂在钓钩前端。

蝇饵垂钓

这是捕捉虹鳟最常用的方法。虹鳟以水面的昆虫为食，因此会被钓鱼者撒下的人造蝇饵吸引过来。

用鱼饵钓鱼

把天然鱼饵放在钓钩上引鱼上钩。鳟鱼最喜欢的鱼饵是鱼卵和蠕虫，因此可以用小坠子把它们挂在钓鱼线上。

用假饵钓鱼

假饵是引鱼上钩的物件，基本上由钓钩和欺骗鱼的东西组成。假饵常用来捕捉北极红点鲑、鳕鱼、铲鼻虎鲶和虎脂鲤。

在水下，可以根据鱼的白色喉咙对其进行识别。

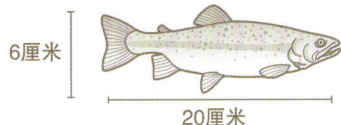

6厘米

20厘米

溪鳟

（*Salvelinus fontinalis*）

或称斑点鳟。产卵季节开始时，它们就会成群游动。

用浮标钓鱼

用浮标钓鱼和底钓都属于假饵抛投钓法，是一种静态的钓鱼方法——一旦抛出假饵，只需坐等鱼来上钩。

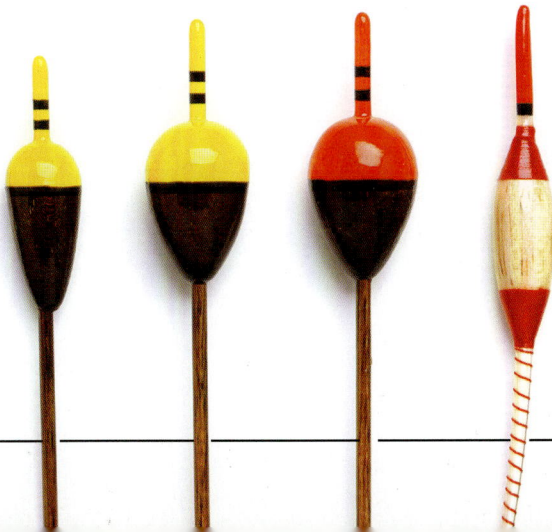

濒危物种

滥杀、过度捕捞和海洋污染已经使许多物种濒临灭绝。作为最早接受系统性研究的海洋生命形态，547种鲨鱼和鳐鱼中有20％正面临灭绝。生长缓慢的物种特别容易受到过度捕捞的影响。●

濒危的鱼类

扁鲨（*Squatina squatina*）和普通鳐鱼或灰鳐（*Dipturus batis*）的处境尤其危险。北海的扁鲨如今已经灭绝了，灰鳐也是如此（状态从"濒危"进入"极危"），它们在爱尔兰海和北海的南部非常罕见。随着捕鱼作业向深海推进，鲛鲨（*Centrophorus granulosus*）的数量也大幅衰减，现在已经列入"易危"状态。

苏眉鱼
（*Cheilinus undulates*）

现状	濒危
原因	污染
地理分布	太平洋和印度洋

这种鱼生活在太平洋和印度洋的珊瑚礁里。最长可达2.3米，重可达190千克，是珊瑚鱼中的大个头，肉质鲜美。在许多东方文化中，苏眉鱼都被视为珍贵物种，只有特权阶级才能拥有。

苏眉鱼
（*Cheilinus undulates*）

波斯鲟
（*Acipenser persicus*）

现状	濒危
原因	过度捕捞
地理分布	里海

这种鱼会逆流而上进行产卵，其鱼卵是制作鱼子酱的最佳材料。它们是在里海能捕获到的5种野生鲟鱼之一，最长达8米，体重800千克。

扁鲨
（*Squatina squatina*）

现状	极危
原因	过度捕捞
地理分布	地中海和黑海

这种鲨鱼曾是北大西洋、地中海和黑海常见的捕食性动物。在黑海，对扁鲨的过度捕捞现象非常严重。在过去50年里，它们的数量急剧下降。目前扁鲨在北海已被宣布灭绝，在地中海的许多地方也已消失不见。

黄冠蝴蝶鱼
（*Chaetodon flavocoronatus*）

现状	易危
原因	污染
地理分布	关岛

它们只生活在西太平洋关岛的珊瑚礁中，特别是黑珊瑚中。这种珍稀的鱼类会不时地出现在水族市场上，但人们对它们和它们的生活规律却知之甚少。

鲸鲨
（ *Rhincodon typus* ）

现状	濒危
原因	滥捕
地理分布	温暖海域

虽然鲸鲨被视为世界上最大的鱼，但人们对它们却了解甚少。它们最长可达18米，生活在世界各地的温暖海域中。其繁殖时间较长，因为雌鱼需要长到20岁才达到性成熟。

灰鳐
（ *Dipturus batis* ）

现状	易危
原因	过度捕捞
地理分布	东大西洋

这种鱼的长度可达2.5米。过去它们在欧洲非常普遍，如今在许多地方已消失灭迹。然而，对它们的商业捕捞并未停止。灰鳐的体型较大，因此很容易被网住。它们生活在大西洋东部、地中海西部和波罗的海西部。

小海马
海马主要以甲壳类动物（桡足动物、端足类动物、等足类动物和介形类动物）为食，把它们吸进自己管状的嘴巴中。

豆丁海马
（ *Hippocampus bargibanti* ）

现状	濒危
原因	污染
地理分布	加勒比海

大多数海马的体型都比较小，无论是墨西哥湾的小海马（长2.5厘米），还是太平洋里的巨型海马（长35厘米）。生活在欧洲海域的海马平均长度为15厘米。它们利用体色保护自己不受周围鱼类和其他动物的侵害。

数量骤减

两栖动物被科学家们视为生态系统是否健康的最佳天然指示器，然而它们的数量却出现灾难性的下降：7%的两栖动物处境危险，而哺乳动物和鸟类的濒危比例分别为4%和2%。在已知的5 700种两栖动物中，168种已经消失，而每3个物种中就有1种面临遭遇同样命运的危险。这种数量的骤减主要发生在过去的20年中，就其比例来说堪与恐龙消失的速度相当。●

濒危的原因

物种消失最重要的原因是水和空气污染造成的栖息地的毁灭。由于大多数两栖动物生活在淡水中，往往先于其他生物受到污染的影响，因此能够对环境状况起到指示性的作用。在美国和澳大利亚，科学家们发现了一种导致壶菌病的菌类。这种容易感染青蛙和蟾蜍的疾病使两栖动物的数量下降了50%以上。该菌类能以每年28千米的速度生长，可致命。

多色斑蟾
（ *Atelopus varius* ）

现状	极危
原因	污染
地理分布	哥斯达黎加、巴拿马和哥伦比亚

这种极危物种因其鲜艳的颜色而倍受追捧，因而沦为非法捕猎的对象。同时，它们的栖息地也因滥伐森林遭到破坏。

斑点钝口螈
（ *Ambystoma maculatum* ）

现状	濒危
原因	滥伐森林和污染
地理分布	美国东部

由于栖息在森林里，这种蝾螈成为城市发展和滥伐森林以及环境污染的直接受害者。这些因素导致它们成为濒危物种。

塔瓦萨拉雨蛙
（ *Craugastor tabasarae* ）

现状	极危
原因	疾病
地理分布	巴拿马

这种两栖动物处于极危状态，因为它们过去3代的数量减少了近80%。导致其数量衰减的主要原因是蛙壶菌，而这种下降趋势似乎已不可逆转。

环眼蟾蜍
（ *Bufo periglenes* ）

现状	灭绝
原因	污染
地理分布	哥斯达黎加

这一物种消失的原因仍未清晰可知。有人认为它们的灭绝是由酸雨或环境的细微变化造成的。

多色斑蟾
（ *Atelopus varius* ）

佩鲁赛斯斑蟾
（ *Atelopus peruensis* ）

现状	极危
原因	传染病
地理分布	秘鲁

过去10年中，这种两栖动物的数量减少了80%，目前处于"极危"状态。它们的消失似乎是因为一种壶菌门菌类导致的致命传染病。

桔斑螈
（ *Neurergus kaiseri* ）

现状	极危
原因	非法贸易
地理分布	伊朗

这种水螈之所以濒临灭绝，是因为它们的栖息地长不过100千米，整个物种生活在10平方千米的范围内。除了因为非法宠物贸易而使成年物种减少外，它们的寿命和生活质量也在不断下降。

7%

的两栖物种濒临灭绝。

美西钝口螈
（ *Ambystoma mexicanum* ）

现状	濒危
原因	捕食
地理分布	墨西哥

这种蝾螈唯一的天然栖息地在墨西哥普埃布拉州的霍奇米尔科湖，数量非常稀少。当地人引进的外国物种锦鲤和金鱼以它们的卵为食。

邓氏圆胸蛙
（ *Colostethus dunni* ）

现状	濒危
原因	壶菌病
地理分布	委内瑞拉

这种青蛙在过去10年中数量急剧下降了80%，因此被列入"极危"状态。这一物种的毁灭源于壶菌病。

术 语

背鳍

背部的奇鳍，保持鱼身稳定。

比目鱼

身体呈扁平状、生活在海底的鱼类。两只眼睛都长在头部一侧，嘴巴有点歪扭，胸鳍长在身体上部。"无眼"的一侧与海底接触。鲽就是比目鱼的一种。

变态

动物从未成熟到成熟的生长阶段所经历的形状和行为的剧烈变化。

鳔

位于肠的前段的充气囊，用以保持浮力。这一构造进化成为肺，但在某些鱼类中，鳔仍保留有呼吸的功能。

捕食者

以捕食其他种类为生的物种。

草食性鱼

以水下植被或珊瑚为食的鱼类。

侧线

鱼体侧的线，由一系列小孔组成。

产卵

指生产或排出卵的过程。

产业化捕鱼

从海中捕捞大量鱼类以便在国际或当地市场上销售的过程。

触须

某些鱼类（比如鲟鱼、鲶鱼和鳕鱼）下颌上长的肉质丝状物。

刺

指鱼皮肤上长出的尖刺。鳐目鱼中有两科是尾部最后1/3处带毒刺的鱼。刺非常尖，有锯齿状边缘。

大陆架

海底从低潮线到近200米深处的倾斜区域，面积大小不一。

底栖

用来描述由海底或生活在海底内（内底栖的）、底表（浅海底栖的）或近海底的生物（底栖生物）组成的环境或栖息地。

底栖性的

用来形容在海底或开放水域生活的生物。常指深水环境中的鱼和甲壳类动物。

盾鳞

软骨鱼和其他古代物种特有的鳞片，由和牙齿一样的髓腔、齿质和釉质组成，有小小的棘突。往往非常小，并向外突出。

多物种捕捞

不特别关注某一特定种类，而对多种鱼类和贝类进行的捕捞。此种捕捞方式在热带和亚热带水域很普遍。

多样性

指生物个体的总量在某一生态系统的不同物种间分布的程度。如果所有个体均属于一个物种，则视为最小多样性。在稳定的自然环境中，如果基底和环境条件实现差异最大化，则达到最大多样性。

发光器官

由黏膜腺演变的用来发光的器官。光线可能产生自共生的磷光杆菌或组织内的氧化过程。海洋深处的大多数鱼类都有发光器官，能在黑暗中发光、吸引猎物或和其他鱼交流。

放电器官

诸如电鳐和电鳗等某些鱼类的器官，能放射电流。

放热的

生物如果无法调节或保持自身体温，这种生物就是放热型的。该生物体内的温度取决于周围环境的温度。

飞鱼

飞鱼为海洋鱼类的一科，分为9属约70种。生活在各大洋中，特别是温暖的亚热带和热带水域。最显著的特征是非同寻常的巨大胸鳍，使它们能在空中短距离滑翔。

肺鱼

2.5亿年前的中生代出现的鱼。和两栖动物一样，它们用肺呼吸，被视为活化石。如今幸存的肺鱼只有3种。

孵化

胚胎从卵中孵出的过程。

浮游动物

甲壳类、鱼类和其他海洋动物的微小幼体。

浮游生物

漂浮着的水生微小生物群，随着风、水流和波浪摆动。

浮游植物

微小的植物，是大多数水下食物链的底层，非常重要。

辐鳍鱼纲（辐鳍鱼）

这种鱼的主要特征是有骨状鳍棘的骨架。头盖骨由软骨组成，只有一对由鳃盖覆盖的鳃孔。

腹鳍

指某些鱼类位于腹部的偶鳍。

港口

有天然或人造围护结构的沿岸区域，供船舶停靠作业。

共生

两个或多个个体（植物或动物）之间建立的互利生态伙伴关系。

骨板

皮肤上长出的构造，对某些鱼类能起到保护的作用。通常覆盖在鱼身上最敏感的部位，特别是头部，但有时也会覆盖全身，比如盾皮鱼。

海面的

用来形容在海洋表面或邻近海洋表面生活的生物。

河口湾

沿海半封闭式但面向大海开放的水域，是淡水和海水的混合处。

呼吸孔

颌和舌弓之间的鳃孔，在软骨鱼纲和一些原始鱼类中最为发达。其主要功能是去除多余的水，使水顺畅地流入鳃裂。呼吸孔对呆在海底的鳐鱼异常重要，因为它是水进入鳃部的通道。

化石

从以前的地质年代保存下来的古生物的遗骸或印痕。

洄游

鱼群因温度、光线、捕食需要和繁殖等原因，每隔一段时间（每日或季节性）的迁移过程。

洄游鱼类（逆河繁殖）

在淡水中繁衍，成年后在海中生活的鱼类，比如鲑鱼。

寄生虫

短期或长期居住在另一种生物或宿主的体内（内寄生虫）或体外（体表寄生虫）、以宿主的有机物质为食的生物。这种生物会使宿主染上疾病。

假饵

捕鱼时固定或连接的模仿小鱼的诱饵，用以吸引较大型的捕食性鱼类。

简单变态

总体外形保持类似，但某些器官退化而其他器官继续发育的过程。

礁石

少许露在海洋表面或在浅水区的坚硬堤岸，会给航行带来危险，可能是由无机物或由珊瑚的生长形成的。

口内孵化

某些鱼类在口中孵化鱼卵后将其吐在洞穴中进行喂养的妊娠方式。当卵孵化出来后，亲鱼会把幼鱼含在口中保护。

两栖动物

拥有两种生活史的动物。年幼时生活在水中，长大后生活在陆地上。许多两栖动物必须生活在水边或潮湿的地方来保持湿润。这是因为一些种类主要用皮肤呼吸，而皮肤只有在湿润的情况下才能吸入空气。

鳞

皮肤上生长的层层覆盖的小骨板。

龙骨（脊棱）

尾柄两侧的隆起或肉质边缘。

卵胎生

幼体在母体体内的卵囊中发育的生殖形式。

罗伦氏壶腹

鲨鱼用来探测潜在猎物所发送的信号的器官。

滤食者

能吸水并利用嘴或鳃中的过滤器从水中滤出所需营养物质的鱼类。

鳗鲡目

身体细长、没有附器的鱼类，包括鳗鱼和鳝鱼。

拟态

为了躲避捕食者或进行捕猎，某些生物通过改变外形伪装成栖息地或其他有更高自我保护能力的物种的能力。

栖息地

拥有适合某一物种生存和繁殖的生态条件的生活空间。

鳍棘

支撑某些鳍的骨刺。

鳍条

鱼身上支撑鳍的骨状结构。

肉柄

支撑结构。在鱼类中，指尾鳍和臀鳍中间的躯干。

肉鳍亚纲

又称内鼻孔亚纲，是硬骨鱼的一个亚纲。此类鱼的鳍通过肉鳍叶和身体相连，其中肺鱼的肉鳍叶为丝状物。

软骨鱼

骨骼由软骨组成的鱼，比如包括鲨鱼和鳐的板鳃亚纲。

鳃

鱼的呼吸器官，由和鳃弓相连的丝状物组成。鱼的血液在鳃中充氧后输送到身体的其他部位。

鳃盖

覆盖鳃腔，具有保护鳃瓣和协调呼吸功能的骨质外壳。

鳃弓

支撑鳃丝或鳃刺的骨头。

上层的

用来形容生活在从海洋表面到水下约200米左右深处的开放水域、远离海底的生物。

深层的

用来描述生活在海洋中层以下黑暗世界里的鱼类。

深海鱼

生活在海面2 500米以下黑暗世界里的稀有物种。因为其所在环境没有植被生长，它们形状奇特，头大、牙齿尖利，便于吞食其他鱼类，依靠在黑暗中发光的拟饵器官吸引猎物。

生物发光

生物体能够发光的属性。

生殖芽体

由臀鳍转变而成的生殖器官。

食草动物

仅以植物为生的动物。

水产养殖

鱼类、贝类、甲壳类、植物和海草等水生生物的养殖。这类生物常常被作为人类或动物的食物。

四足动物

具有两对肢翼的脊椎动物。

体内受精

由雄性交配器官辅助进行的软骨鱼的受精过程。这种器官叫作鳍脚，是由腹鳍演变而来的。

体外受精

卵在雌性体外受精。雄性把精子排在雌性产出的卵上，这些卵暴露在外界环境中。

臀鳍

位于鱼类腹部中间、肛门上面的奇鳍。

蛙类动物

两栖动物的另一个名称，源自蛙类，两栖纲的旧名。这一术语被认为已过时。

歪形尾

脊骨向上弯曲的一类尾鳍，形成较大的上尾叶。

完全变态

指动物（比如青蛙和蟾蜍）的成年形态与未成年形态完全不同的现象。

尾鳍

鱼类身体后方的奇鳍，在大多数鱼类身上就是其尾部。

吸盘

生长在胸鳍和腹鳍处用来产生压力，使其附着在物体表面的构造，也可能是由圆口纲脊椎动物的前背鳍、腹鳍或口（嘴）盘演变而来的。

胸鳍

位于鱼类胸部鳃盖后的偶鳍。

消遣性垂钓

亲手捉鱼的运动。在大多数情况下，会把捉到的鱼放回到海里或河里。

厌氧

指一个生物体或细胞能在分子氧缺乏或不存在的环境下生长。

硬骨鱼

有硬骨架和颌的鱼。其骨骼较小但坚硬，鳍很灵活，能准确控制行动。

硬骨鱼纲

所有硬骨鱼的鱼类总称，特征是高度骨化的骨骼。与之相对的是软骨鱼纲，其骨骼由软骨组成（鳐、太平洋长吻银鲛和鲨鱼）。

硬鳞

由富有光泽的釉状物质（硬鳞质）层层排列在密质骨上的一种鳞片。已经灭绝的古椎鱼就有硬鳞。唯一拥有硬鳞的现代鱼类是雀鳝、弓鳍鱼和芦鳗。

幼体

未成熟的独立生命形态，与成体截然不同。

鱼叉

一端有箭头的铁杆，常用来捕杀鲨鱼、鲸鱼、鲷鱼、石首鱼和其他物种。

鱼钩

钓鱼工具，通常由钢制成，是一根系在钓鱼线上弯曲成钩状的小钢条，根据捕捉鱼类的不同分为各种形状。鱼钩上也会挂上鱼饵来吸引猎物。

鱼类学

研究鱼类的动物学分支，范围包括它们的解剖结构、生理学和行为等。

鱼苗

刚孵化出的鱼，形状和同一种类的成鱼相似。

鱼群

同一种群或种类的鱼因相似的行为暂时聚集在一起的现象。

鱼网子

钓鱼时用的带钩子的金属假饵。钓鱼者收线时，坠子像将死的鱼一样在水上浮动，吸引较大的鱼咬钩。

圆鳞

游离端圆滑的一种鳞片。

圆尾

脊柱延伸至尾端、上下尾鳍对称的鱼尾。

远洋区域

远离大陆架或岛屿沿岸的开放水域。

造船厂

建造和维修各种水运工具的地方。

正形尾

硬骨鱼典型的对称型尾鳍，不是脊柱的延伸。

脂鳍

某些硬骨鱼（比如鲑形目）背鳍后的小型肉质鳍叶。

栉鳞

游离端有刺的一种鳞片。

中层的

用来形容生活在有微弱光线的海洋深处的生物。中层是上层或透光层（有亮光）和下层或无光区（无光线）之间的中间地带。

索 引